2020年全国主要农作物品种推广应用报告

国家农作物品种审定委员会　编著

中国农业科学技术出版社

图书在版编目（CIP）数据

2020年全国主要农作物品种推广应用报告 / 国家农作物品种审定委员会编著. --北京：中国农业科学技术出版社，2022. 12
ISBN 978-7-5116-6069-5

Ⅰ. ①2… Ⅱ. ①国… Ⅲ. ①作物－品种推广－研究报告－中国－2020 Ⅳ. ①S322.1

中国版本图书馆CIP数据核字（2022）第 232007 号

责任编辑 贺可香
责任校对 贾若妍 李向荣
责任印制 姜义伟 王思文

出 版 者 中国农业科学技术出版社
　　　　　 北京市中关村南大街 12 号　　邮编：100081
电　　话 （010）82106638（编辑室）　　（010）82109702（发行部）
　　　　　 （010）82109709（读者服务部）
网　　址 https://castp.caas.cn
经 销 者 各地新华书店
印 刷 者 北京地大彩印有限公司
开　　本 210 mm×285 mm　1/16
印　　张 11.75
字　　数 270 千字
版　　次 2022 年 12 月第 1 版　　2022 年 12 月第 1 次印刷
定　　价 160.00 元

《2020年全国主要农作物品种推广应用报告》
编著委员会

主　　任：张兴旺　　魏启文

副 主 任：杨海生　　刘　信　　孙好勤　　谢　焱

委　　员：邹　奎　　陶伟国　　王　枞　　张冬晓　　何庆学

　　　　　储玉军　　王玉玺　　邱　军　　金石桥　　孙海艳

　　　　　黄生斌　　王连芬　　王永波　　杨　军　　康凤祥

　　　　　董书权　　杨洪明　　邢海军　　张锡铭　　朱建华

　　　　　何金龙　　施俊生　　傅应军　　赵杰樑　　陈河云

　　　　　蒋庆功　　马运粮　　郑洪林　　蔡义东　　林　绿

　　　　　祁广军　　冯书云　　刘君绍　　沈　丽　　张钟亿

　　　　　张秀祥　　范东晟　　吴金次仁　　常　宏　　王焕强

　　　　　李培贵　　热甫克提　　王　峰

主 编 著：刘　信　　杨海生

副主编著：王玉玺　　陶伟国

水稻主编：许靖波　　曾　波　　杨远柱

小麦主编：周继泽　　张笑晴　　张　勇

玉米主编：张志刚　　白　岩　　李春杰

大豆主编：芦玉双　　陈应志　　黄志平

棉花主编：张献龙　　马泽众　　朱龙付

编著人员（按照姓氏笔画排序）：

丁军	王然	王天宇	王仁杯	王凤华	王占廷
王西成	王伟成	王洪凯	王积军	王新刚	毛沛
卞宏淳	邓士政	邓宏中	石杰	石洁	卢怀玉
田志国	付小琼	付高平	冯勇	冯勇	冯耀斌
邢邯	吉万全	师祎	吕建华	吕德安	朱倩
朱世国	朱龙付	朱国邦	伍玲	刘浩	刘鹏
刘鑫	刘万才	刘太国	刘玉恒	刘华荣	刘良柏
刘显辉	刘振蛟	闫治斌	闫晓艳	许明	许乃银
许华勇	阮妙鸿	孙婕	孙晶	孙太石	孙连发
孙林华	李华	李燕	李霞	李小林	李长辉
李凤海	李永青	李全衡	李汝玉	李红霞	李志勇
李伯群	李茂柏	李绍清	李春杰	李洪来	李洪建
李雪源	李稳香	李磊鑫	杨子光	杨元明	杨中路
杨远柱	肖必祥	吴涛	吴开均	吴存祥	吴宏亚
邱强	余渝	谷登斌	邹德堂	冷苏凤	汪爱顺
沈丽	沈静	宋连启	宋继辉	宋锦花	张力
张文英	张平治	张存良	张凯浙	张承毅	张颖韬
陈西	陈亮	陈晓	陈靖	陈双龙	陈华文
陈庆山	陈坤朝	陈金节	武婷婷	范亚明	范荣喜
林金平	金志刚	周广春	周安定	周继勇	周朝文
郑祥博	赵虹	赵仁贵	赵昌平	赵素琴	赵淑琴
胡卫国	胡喜平	南张杰	钟雪梅	段玉玺	侯立刚
侯起岭	俞琦英	姚宏亮	姚金元	贺国良	聂新辉
夏静	夏中华	夏献锋	顾见勋	徐希德	徐振江
栾奕	高媛	高新勇	郭利磊	郭晓雷	唐世伟

唐海涛　陶伟国　黄文赟　黄志平　黄庭旭　曹立勇
曹廷杰　曹靖生　龚志明　常　萍　符海秋　康广华
梁　晨　彭　军　董国兴　韩友学　韩文婷　程子硕
程尚明　番兴明　曾　波　雷振生　福德平　翟雪玲
缪添惠　潘金豹　薛吉全

编写分析师（按照姓氏笔画排序）：

丁　军　于　维　马　磊　王　佳　王仁杯　王文良
王伟成　王连芬　王宏康　王金洪　王桂娟　王家喜
王新刚　毛双林　毛瑞喜　邓士政　邓宏中　叶翠玉
付高平　边士倩　邢　蕾　师　祎　吕季娟　朱世国
朱国邦　刘　虎　刘　鑫　刘文国　刘玉恒　刘华荣
刘志芳　刘利锋　刘振蛟　刘桂珍　刘晓燕　阮妙鸿
孙　婕　孙　晶　孙林华　李　燕　李　霞　李全衡
李春杰　李雪源　杨　沫　杨　惠　杨　磊　杨远柱
时小红　冷苏凤　沈　静　宋锦花　张　力　张玉明
张志刚　张茂哲　张继君　陈　西　陈　亮　陈　晓
陈双龙　陈华文　陈春梅　陈殿元　陈蔡隽　武　琦
范荣喜　林丽萍　罗海明　周安定　周继勇　郑祥博
赵素琴　南文举　战　勇　钟　文　钟　波　俞琦英
饶月亮　姚宏亮　夏　静　顾见勋　徐　瑶　郭小红
郭晓雷　陶　磊　黄贵民　曹改萍　常　萍　崔晓红
梁　晨　梁福琴　彭从胜　韩友学　韩文婷　程艳波
傅晓华　温宪勤　雷云周　鲜　红　熊　婷　缪添惠
滕振勇　燕　宁　薛吉平　霍仕平

前　言

农业现代化，种子是基础。党中央、国务院高度重视种业发展，2021年国家制定了《种业振兴行动方案》，这是时隔60年中央再次就种业工作作出全面部署。习近平总书记亲自谋划、亲自推动，将种业由基础性核心产业提升为国家安全战略，制定了种业振兴的时间表和路线图。种业振兴的关键是要强化品种原始创新能力，开展种源核心技术攻关，不断推出优质、高产、绿色、广适的突破性自主知识产权新品种，做到种源自主可控、种业科技自立自强。跟踪和分析审定品种在生产应用中的表现，对扬优汰劣、引导品种选育方向、促进品种原始创新具有重要意义。

为全面掌握2020年主要农作物品种推广应用动态，根据农业农村部种业管理司的安排，全国农业技术推广服务中心组织第四届国家农作物品种审定委员会水稻、小麦、玉米、大豆和棉花5个专业委员会，各有关省（自治区、直辖市）农作物品种管理人员和品种分析师，根据品种推广面积统计品种区试、大田生产表现等数据，从品种总体概况、品种推广应用特点、主要生态类型区主推品种类型及表现、未来产业发展趋势等方面，深度分析了2020年水稻、小麦、玉米、大豆和棉花5种农作物品种的推广应用情况，旨在为种业宏观决策提供现实依据，为育种家确定品种方向提供指导，为品种推广、农民选种、企业生产提供参考。

本书在编写过程中，广泛征求了基层种子工作者、种子企业、科技示范户和种粮大户的意见，内容凝聚有关种业各方的智慧，在此一并表示衷心感谢和诚挚的敬意。

编著者

2022年6月

目　录

第一部分　水　稻 ………………………………………………………… 1

第一章　2020年我国水稻品种推广应用情况 …………………………… 3

　　一、2020年我国水稻生产概况 ……………………………………… 3

　　二、2020年我国水稻品种推广应用特点 …………………………… 21

第二章　当前我国各稻区推广的主要品种情况 ………………………… 27

　　一、长江中下游双、单季稻区 ……………………………………… 27

　　二、长江上游单季稻区 ……………………………………………… 27

　　三、华南双季稻区 …………………………………………………… 28

　　四、华北单季稻区 …………………………………………………… 28

　　五、东北单季稻区 …………………………………………………… 28

第三章　全国水稻发展趋势展望及建议 ………………………………… 43

　　一、优化审定管理，促进审定品种从量变到质变 ………………… 43

　　二、创制绿色安全新种质，加快特殊类型品种研究应用 ………… 43

　　三、深耕水稻产业链，打造产业闭环 ……………………………… 44

第二部分　小　麦 ………………………………………………………… 45

第四章　2020年我国小麦品种推广应用概况 …………………………… 47

　　一、2020年我国在全球小麦格局中的状况 ………………………… 47

　　二、2020年我国小麦生产概况 ……………………………………… 49

　　三、2020年我国小麦品种推广应用特点 …………………………… 52

第五章　当前各小麦生态区推广的主要品种类型及表现 ……………… 59

　　一、北部冬麦水地品种类型区 ……………………………………… 59

二、北部冬麦旱地品种类型区 …………………………………………… 60

三、黄淮冬麦北片水地品种类型区 ………………………………………… 61

四、黄淮冬麦南片水地品种类型区 ………………………………………… 63

五、黄淮冬麦旱地品种类型区 ……………………………………………… 66

六、长江上游冬麦品种类型区 ……………………………………………… 67

七、长江中下游冬麦品种类型区 …………………………………………… 68

八、东北春麦晚熟品种类型区 ……………………………………………… 70

九、西北春麦品种类型区 …………………………………………………… 71

第六章　全国小麦种业发展趋势与展望 …………………………………… 86

一、坚持品种多样化选育方向，满足新时代品种需求 …………………… 86

二、加强种质创新，实现遗传改良新突破 ………………………………… 87

三、加强育种新技术应用，提升育种效率 ………………………………… 87

四、加大推广投入，强化机制创新 ………………………………………… 87

五、产业化推广品种，加强品牌意识 ……………………………………… 87

六、加强种业支持力度，打造世界种业强国 ……………………………… 88

七、完善种业管理体系，确保良种生产与供应 …………………………… 88

第三部分　玉　米 …………………………………………………………… 89

第七章　2020年玉米品种应用报告 ………………………………………… 91

一、2020年我国玉米生产概况 ……………………………………………… 91

二、2020年我国玉米品种推广应用状况 …………………………………… 94

三、当前我国各玉米区推广的主要品种类型表现及风险提示 ………… 102

四、未来玉米产业发展趋势与展望 ……………………………………… 117

第四部分　大　豆 ………………………………………………………… 121

第八章　2020年我国大豆生产形势 ……………………………………… 123

一、2020年我国大豆生产概况 …………………………………………… 123

二、2020年我国大豆品种推广应用特点 ………………………………… 124

三、品种存在的主要问题 ………………………………………………… 128

第九章　当前我国大豆各主产区推广的主要品种类型及表现 ………… 131

一、北方春大豆主产区 …………………………………………………… 131

二、黄淮海夏大豆主产区 ……………………………………………… 134

三、南方多熟制大豆主产区 …………………………………………… 137

第十章　我国大豆种业发展趋势 ……………………………………… 139

一、科企合作深度融合，推动大豆种业体系的逐步完善 …………… 139

二、资源精准评价、创新与利用，支撑大豆育种水平的持续提高 … 139

三、建设现代育种技术体系，提升大豆育种的效率和精度 ………… 139

四、培育突破性新品种，提高大豆的综合产能和效益 ……………… 140

五、逐步健全种子生产和服务体系，保障大豆供种能力和水平 …… 140

第五部分　棉　花 ……………………………………………………… 141

第十一章　2020年我国棉花生产概况 ……………………………… 143

一、2020年我国棉花生产形势 ……………………………………… 143

二、2020年完成国家棉花区试待审品种纤维品质情况 …………… 146

三、2020年我国棉花品种推广应用特点 …………………………… 147

第十二章　当前我国各棉区推广的主要品种类型及表现 ………… 159

一、西北内陆棉区 …………………………………………………… 159

二、黄河流域棉区 …………………………………………………… 164

三、长江流域棉区 …………………………………………………… 168

第十三章　我国棉花生产问题与品种需求 ………………………… 170

一、西北内陆棉区的生产问题与品种需求 ………………………… 170

二、黄河流域棉花生产问题与品种需求 …………………………… 171

三、长江流域棉花生产问题与品种需求 …………………………… 172

四、我国棉花种业发展趋势 ………………………………………… 172

第一部分

水　稻

第一章 2020年我国水稻品种推广应用情况

一、2020年我国水稻生产概况

水稻是我国最重要的粮食作物之一,近60%的人口以稻米为主食。十九届五中全会提出"要保障国家粮食安全,提高农业质量效益和竞争力"。2020年中央经济会议上,明确提出了要重点解决好种子和耕地问题,保障粮食安全;要开展种源"卡脖子"技术攻关,立志打一场种业翻身仗。种子是农业的基础,是农业先进科技的载体,是促进农业长期稳定发展、保障国家粮食安全的根本。我国的水稻生产研究处于国际领先地位,据国家统计局资料显示,2020年全国粮食作物播种面积17.52亿亩,其中稻谷播种面积4.51亿亩,占粮食作物总播种面积的25.76%[①]。稻谷播种面积较2019年增加近600万亩,综合来看,主要得益于国家大力鼓励和支持南方地区恢复双季稻生产,提高早中晚籼稻最低收购价,促使水稻面积实现恢复性增长,有效遏制了耕地抛荒现象的发生(图1-1)。

2020年我国主要省份水稻良种推广面积40 387.40万亩[②],较2019年增加65.10万亩,同比增加0.16%。安徽、黑龙江和贵州面积增长明显,分别较2019年增加299.80万、244.10万和161.90万亩;四川降幅最大,较2019年减少394.00万亩,同比下降17.68%。全国水稻品种推广应用数量达到7 965个次,较2019年增加688个次,同比上升9.45%,继续呈现上升趋势。其中,湖南以856个次继续位居首位;广西品种数量变化最大,以833个次居第二位,较2019年增加251个次,同比上升43.13%;涨幅较大的还有安徽和江西,分别较2019年增加225和165个次。随着绿色通道和联合体等试验渠道的开放,种业企业及科研单位的育种创新成果得到充分的释放,品种审定数量进一步增加(表1-1)。

---

① 数据引用自国家统计局公布,1亩≈667 m²;15亩=1 hm²,全书同。
② 统计口径为17个主要水稻推广应用省份种业管理系统上报的良种面积,包括黑龙江省、湖南省、江西省、安徽省、江苏省、湖北省、四川省、广西壮族自治区、广东省、福建省、浙江省、重庆市、吉林省、云南省、河南省、辽宁省、贵州省。本水稻部分报告所称全国均为上述17个省份良种分析情况。

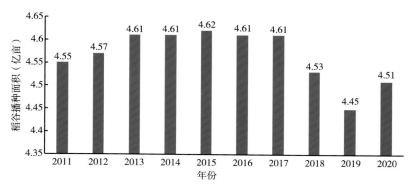

图1-1　2011—2020年中国稻谷播种面积

表1-1　2019—2020年全国水稻品种推广情况汇总

省份	2020年		2019年		2020年较2019年增加	
	推广面积（万亩）	品种数量（个次）	推广面积（万亩）	品种数量（个次）	推广面积（万亩）	品种数量（个次）
全国	40 387.40	7 965	40 322.30	7 277	65.10	688
黑龙江	5 950.50	193	5 706.40	145	244.10	48
湖南	5 270.50	856	5 413.50	888	-143.00	-32
江西	4 409.80	629	4 330.60	464	79.20	165
安徽	3 633.20	764	3 333.40	539	299.80	225
江苏	3 310.70	330	3 188.30	296	122.40	34
湖北	3 421.10	362	3 430.10	402	-9.00	-40
四川	1 835.00	539	2 229.00	439	-394.00	100
广西	2 524.10	833	2 766.60	582	-242.50	251
广东	2 751.70	771	2 692.60	731	59.10	40
福建	886.30	805	901.50	793	-15.20	12
浙江	967.00	167	976.30	166	-9.30	1
重庆	959.00	349	982.70	400	-23.70	-51
吉林	982.30	217	1 040.00	242	-57.70	-25
云南	1 228.40	481	1 262.30	520	-33.90	-39
河南	905.90	104	909.00	114	-3.10	-10
辽宁	730.10	149	700.10	153	30.00	-4
贵州	621.80	416	459.90	403	161.90	13

（一）主要类型品种推广面积情况

籼稻面积减少，粳稻面积增加。2020年全国籼稻推广应用面积27 360.6万亩，较2019年减少322.40万亩，同比减少1.16%；占水稻总面积的67.75%，比重同比下降0.9个百分点。湖南籼稻推广面积缩减143.00万亩，但仍以5 270.50万亩位居全国首位；此外四川、广西缩减量较大，分别较2019年减少392.80万亩和242.50万亩，同比减少17.81%和8.77%。而在籼稻增长量方面，安徽和贵州较突出，分别较2019年增加184.80万亩和163.20万亩。粳稻推广应用面积13 026.80万亩，较2019年增加387.50万亩，同比增加3.07%，占水稻总面积的32.25%，比重上升0.9个百分点。其中黑龙江粳稻推广面积增长量达244.10万亩，以总量5 950.5万亩位居全国粳稻推广面积榜首；安徽增长量次之，较2019年增加115.00万亩，同比增加17.09%。重庆粳稻市场进一步缩小，2020年未有超过0.1万亩的品种统计（表1-2）。

表1-2　2019—2020年全国籼稻和粳稻品种推广面积　　　　（单位：万亩）

省份	2020年推广面积	籼稻			粳稻		
		2020年	2019年	同比增减（%）	2020年	2019年	同比增减（%）
全国	40 387.40	27 360.60	27 683.00	-1.16	13 026.80	12 639.30	3.07
黑龙江	5 950.50	—	—	—	5 950.50	5 706.40	4.28
湖南	5 270.50	5 270.50	5 413.50	-2.64	—	—	—
江西	4 409.80	4 278.30	4 237.90	0.95	131.50	92.70	41.86
安徽	3 633.20	2 845.30	2 660.50	6.95	787.90	672.90	17.09
江苏	3 310.70	511.20	434.90	17.54	2 799.50	2 753.40	1.67
湖北	3 421.10	3 353.80	3 372.30	-0.55	67.30	57.80	16.44
四川	1 835.00	1 812.30	2 205.10	-17.81	22.70	23.90	-5.02
广西	2 524.10	2 524.10	2 766.60	-8.77	—	—	—
广东	2 751.70	2 751.70	2 692.60	2.19	—	—	—
福建	886.30	878.00	894.10	-1.80	8.30	7.40	12.16
浙江	967.00	260.80	259.90	0.35	706.20	716.40	-1.42
重庆	959.00	959.00	981.80	-2.32	—	0.90	-100.00
吉林	982.30	—	—	—	982.30	1 040.00	-5.55
云南	1 228.40	542.40	577.70	-6.11	686.00	684.60	0.20
河南	905.90	759.90	736.00	3.25	146.00	173.00	-15.61
辽宁	730.10	—	—	—	730.10	700.10	4.29
贵州	621.80	613.30	450.10	36.26	8.50	9.80	-13.27

注：“—”表示0，全书同。

双季稻面积减少，中稻面积增加。2020年全国早稻推广应用面积6 227.50万亩，较2019年减少218万亩，同比下降3.38%，占总面积的15.42%，比重下降0.56个百分点。除广东和浙江外，其余省份均呈现出不同程度的缩减，以江西省缩减量最大，较2019年减少115.30万亩，同比减少7.02%。中稻（一季稻，下同）推广应用面积27 089.90万亩，较2019年增加421.40万亩，同比增加1.58%，占总面积的67.07%，比重上升0.93个百分点。黑龙江、安徽、贵州、江苏以及江西分列增长量前5位，分别较2019年增加244.10万亩、188.00万亩、161.90万亩、122.40万亩和118.00万亩，增长量均超过100万亩；四川缩减面积最大，较2019年减少394.00万亩，同比减少17.68%。晚稻推广应用面积7 070.00万亩，较2019年减少138.30万亩，同比减少1.92%，占总面积的17.51%，比重下降0.37个百分点。湖南较2019年减少189.80万亩，同比减少9.8%至1 747.70万亩，而江西增加76.5万亩，同比增加4.51%，达1 771.90万亩，反超湖南成为晚稻推广面积最大省份；广西缩减量位居前列，较2019年减少182.80万亩，同比下降14.58%。安徽增长幅度最大，较2019年增加121.20万亩，同比上升65.44%。国家鼓励发展双季稻，但品种数量的增多分散了主导品种的规模效应，导致主导品种的推广面积呈现一定的下滑态势（表1-3）。

表1-3　2019—2020年全国早稻、中稻、晚稻品种推广面积　　　　　　（单位：万亩）

省份	2020年推广总面积	早稻			中稻			晚稻		
		2020年	2019年	上升（%）	2020年	2019年	上升（%）	2020年	2019年	上升（%）
全国	40 387.40	6 227.50	6 445.50	-3.38	27 089.90	26 668.50	1.58	7 070.00	7 208.30	-1.92
黑龙江	5 950.50	—	—	—	5 950.50	5 706.40	4.28	—	—	—
湖南	5 270.50	1 473.40	1 525.70	-3.43	2 049.40	1 950.30	5.08	1 747.70	1 937.50	-9.80
江西	4 409.80	1 527.00	1 642.30	-7.02	1 110.90	992.90	11.88	1 771.90	1 695.40	4.51
安徽	3 633.20	170.20	179.60	-5.23	3 156.60	2 968.60	6.33	306.40	185.20	65.44
江苏	3 310.70	—	—	—	3 310.70	3 188.30	3.84	—	—	—
湖北	3 421.10	183.70	213.80	-14.08	2 998.40	2 965.50	1.11	239.00	250.80	-4.70
四川	1 835.00	—	—	—	1 835.00	2 229.00	-17.68	—	—	—
广西	2 524.10	1 271.60	1 297.90	-2.03	181.30	214.70	-15.56	1 071.20	1 254.00	-14.58
广东	2 751.70	1 303.70	1 293.80	0.77	—	—	—	1 448.00	1 398.80	3.52
福建	886.30	144.10	150.20	-4.06	380.10	386.10	-1.55	362.10	365.20	-0.85
浙江	967.00	153.80	142.20	8.16	689.50	712.70	-3.26	123.70	121.40	1.89
重庆	959.00	—	—	—	959.00	982.70	-2.41	—	—	—
吉林	982.30	—	—	—	982.30	1 040.00	-5.55	—	—	—
云南	1 228.40	—	—	—	1 228.40	1 262.30	-2.69	—	—	—
河南	905.90	—	—	—	905.90	909.00	-0.34	—	—	—
辽宁	730.10	—	—	—	730.10	700.10	4.29	—	—	—
贵州	621.80	—	—	—	621.80	459.90	35.20	—	—	—

1. 常规稻品种推广面积情况

常规籼稻推广面积减少，常规粳稻面积小幅增加。2020年常规稻良种推广面积18 097.50万亩，较2019年增加275.00万亩，同比上升1.54%，占总面积的44.81%，比重上升0.61个百分点，其中，常规籼稻推广面积5 749.70万亩，较2019年减少68.80万亩，同比下降1.18%。湖南、广东和江西分列常规籼稻推广面积的前3位，分别为1 681.50万亩、1 203.70万亩和1 184.10万亩，合计占常规籼稻总面积的70.77%，比重上升0.4个百分点，2020年三省中仅广东增加67.00万亩，同比增加5.89%。常规粳稻推广面积12 347.80万亩，较2019年增加343.80万亩，同比增加2.86%。黑龙江和安徽增加量较大，分别较2019年增加244.10万亩和115.00万亩，同比上升4.28%和17.09%，其中黑龙江以5 950.50万亩继续位居常规粳稻推广面积首位。值得一提的是，贵州较往年新增32.00万亩常规籼稻，主要为香禾糯，成为糯稻迅猛增长的一个缩影（表1-4）。

常规早稻主要品种推广应用面积下降，年度间达2 888.70万亩，全部为籼稻品种，较2019年减少112.1万亩，同比下降3.74%，占总面积的7.15%，比重下降0.29个百分点，主要表现在安徽和湖南缩减较多，分别减少84.80万亩和77.00万亩，同比下降69.34%和8.55%。常规早籼中嘉早17（473万亩）、湘早籼45号（302万亩）和南粳5055（242万亩）分列种植面积的前3位，合计推广面积1 017.00万亩，较2019年下降15万亩，同比下降1.45%（表1-5至表1-7）。

常规中稻主要品种推广应用面积有所回升。2020年常规中稻推广面积为13 599.80万亩，较2019年增加399.40万亩，同比上升3.03%，占水稻总面积的33.67%，比重上升0.93个百分点。其中常规中粳推广面积12 141.50万亩，占常规中稻推广面积的89.28%，主要分布在东三省和江苏粳稻区，绥粳27（808万亩）、龙粳31号（735万亩）和南粳9108（524万亩）分列推广面积的前3位，黄华占（520万亩）为南方稻区推广面积最大的籼稻品种（表1-5至表1-7）。

常规晚稻主要品种推广应用面积保持稳定。2020年常规晚稻推广面积为1 609.00万亩，较2019年下降12.30万亩，同比下降0.76%，占水稻总面积的3.98%，比重下降0.04个百分点。广东、湖南和广西分列推广面积的前3位，分别达613.40万亩、497.20万亩和165.10万亩，江西缩减量最多，较2019年减少59.40万亩，同比下降36.62%。常规晚稻中以籼稻品种占主导地位，推广面积达1 402.70万亩，占常规晚稻推广面积的87.18%，其中颇具代表性的"美香占2号"是广东丝苗米产业应用品种（表1-5至表1-7）。

表1-4 2019—2020年全国常规稻品种推广面积比较

（单位：万亩）

省份	常规稻				常规籼稻				常规粳稻			
	2020年	2019年	增加	上升（%）	2020年	2019年	增加	上升（%）	2020年	2019年	增加	上升（%）
全国	18 097.50	17 822.50	275.00	1.54	5 749.70	5 818.50	-68.80	-1.18	12 347.80	12 004.00	343.80	2.86
黑龙江	5 950.50	5 706.40	244.10	4.28	—	—	—	—	5 950.50	5 706.40	244.10	4.28
湖南	1 681.50	1 715.20	-33.70	-1.96	1 681.50	1 715.20	-33.70	-1.96	—	—	—	—
江西	1 192.30	1 245.60	-53.30	-4.28	1 184.10	1 242.60	-58.50	-4.71	8.20	3.00	5.20	173.33
安徽	889.60	843.30	46.30	5.49	101.70	170.40	-68.70	-40.32	787.90	672.90	115.00	17.09
江苏	2 760.00	2 737.50	22.50	0.82	0.20	0.30	-0.10	-33.33	2 759.80	2 737.20	22.60	0.83
湖北	767.00	686.30	80.70	11.76	716.00	642.80	73.20	11.39	51.00	43.50	7.50	17.24
四川	23.60	57.20	-33.60	-58.74	1.20	33.30	-32.10	-96.40	22.40	23.90	-1.50	-6.28
广西	481.50	478.90	2.60	0.54	481.50	478.90	2.60	0.54	0.00	—	—	—
广东	1 203.70	1 136.70	67.00	5.89	1 203.70	1 136.70	67.00	5.89	—	—	—	—
福建	61.60	55.70	5.90	10.59	58.80	52.60	6.20	11.79	2.80	3.10	-0.30	-9.68
浙江	485.50	469.90	15.60	3.32	153.40	141.00	12.40	8.79	332.10	328.90	3.20	0.97
重庆	3.10	7.40	-4.30	-58.11	3.10	6.50	-3.40	-52.31	0.00	0.90	-0.90	100.00
吉林	982.30	1 040.00	-57.70	-5.55	—	—	—	—	982.30	1 040.00	-57.70	-5.55
云南	735.40	806.00	-70.60	-8.76	132.50	198.20	-65.70	-33.15	602.90	607.80	-4.90	-0.81
河南	138.40	165.40	-27.00	-16.32	—	—	—	—	138.40	165.40	-27.00	-16.32
辽宁	709.50	671.00	38.50	5.74	—	—	—	—	709.50	671.00	38.50	5.74
贵州	32.00	—	—	—	32.00	—	—	—	—	—	—	—

表1-5　2019—2020年全国常规稻品种推广面积汇总

（单位：万亩）

省份	常规稻			常规早稻			常规中稻			常规晚稻		
	2020年	2019年	上升（%）	2020年	2019年	上升（%）	2020年	2019年	上升（%）	2020年	2019年	上升（%）
全国	18 097.50	17 822.50	1.54	2 888.70	3 000.80	-3.74	13 599.80	13 200.40	3.03	1 609.00	1 621.30	-0.76
黑龙江	5 950.50	5 706.40	4.28	—	—	—	5 950.50	5 706.40	4.28	—	—	—
湖南	1 681.50	1 715.20	-1.96	823.50	900.50	-8.55	360.80	325.70	10.78	497.20	489.00	1.68
江西	1 192.30	1 245.60	-4.28	836.00	839.60	-0.43	253.50	243.80	3.98	102.80	162.20	-36.62
安徽	889.60	843.30	5.49	37.50	122.30	-69.34	736.10	606.50	21.37	116.00	114.50	1.31
江苏	2 760.00	2 737.50	0.82	—	—	—	2 760.00	2 737.50	0.82	—	—	—
湖北	767.00	686.30	11.76	107.90	82.90	30.16	608.10	536.00	13.45	51.00	67.40	-24.33
四川	23.60	57.20	-58.74	—	—	—	23.60	57.20	-58.74	—	—	—
广西	481.50	478.90	0.54	308.90	323.80	-4.60	7.50	5.70	31.58	165.10	149.40	10.51
广东	1 203.70	1 136.70	5.89	590.30	560.40	5.34	—	—	—	613.40	576.30	6.44
福建	61.60	55.70	10.59	32.30	31.10	3.86	7.20	5.30	35.85	22.10	19.30	14.51
浙江	485.50	469.90	3.32	152.30	140.20	8.63	291.80	286.50	1.85	41.40	43.20	-4.17
重庆	3.10	7.40	-58.11	—	—	—	3.10	7.40	-58.11	—	—	—
吉林	982.30	1 040.00	-5.55	—	—	—	982.30	1 040.00	-5.55	—	—	—
云南	735.40	806.00	-8.76	—	—	—	735.40	806.00	-8.76	—	—	—
河南	138.40	165.40	-16.32	—	—	—	138.40	165.40	-16.32	—	—	—
辽宁	709.50	671.00	5.74	—	—	—	709.50	671.00	5.74	—	—	—
贵州	32.00	—	—	—	—	—	32.00	—	—	—	—	—

表1-6　2020年全国常规稻品种推广面积（发光型）　　　　　　（单位：万亩）

省份	常规稻总面积	常规籼稻	常规粳稻	常规早籼	常规早粳	常规中籼	常规中粳	常规晚籼	常规晚粳
全国	18 097.50	5 749.70	12 347.80	2 888.70	—	1 458.30	12 141.50	1 402.70	206.30
黑龙江	5 950.50	—	5 950.50	—	—	—	5 950.50	—	—
湖南	1 681.50	1 681.50	—	823.50	—	360.80	—	497.20	—
江西	1 192.30	1 184.10	8.20	836.00	—	245.30	8.20	102.80	—
安徽	889.60	101.70	787.90	37.50	—	61.10	675.00	3.10	112.90
江苏	2 760.00	0.20	2 759.80	—	—	0.20	2 759.80	—	—
湖北	767.00	716.00	51.00	107.90	—	608.10	—	—	51.00
四川	23.60	1.20	22.40	—	—	1.20	22.40	—	—
广西	481.50	481.50	0.00	308.90	—	7.50	—	165.10	—
广东	1 203.70	1 203.70	—	590.30	—	—	—	613.40	—
福建	61.60	58.80	2.80	32.30	—	5.40	1.80	21.10	1.00
浙江	485.50	153.40	332.10	152.30	—	1.10	290.70	—	41.40
重庆	3.10	3.10	0.00	—	—	3.10	—	—	—
吉林	982.30	—	982.30	—	—	—	982.30	—	—
云南	735.40	132.50	602.90	—	—	132.50	602.90	—	—
河南	138.40	—	138.40	—	—	—	138.40	—	—
辽宁	709.50	—	709.50	—	—	—	709.50	—	—
贵州	32.00	32.00	—	—	—	32.00	—	—	—

表1-7　2020年前10位常规稻及杂交稻年度间推广面积变化　　　　　　（单位：万亩）

类型及名称	年度推广面积				
常规稻	2020年	2019年	2018年	2017年	2016年
绥粳27	808	296	0	0	0
龙粳31号	735	1 119	939	949	1 428
南粳9108	524	504	457	530	407
黄华占	520	649	577	632	659
绥粳18	519	1 015	1 014	996	642
中嘉早17	473	486	587	858	937
湘早籼45号	302	313	220	184	300
淮稻5号	293	324	353	388	401
龙庆稻8	275	0	0	0	0
南粳5055	242	233	225	221	159

类型及名称	年度推广面积				
杂交稻	2020年	2019年	2018年	2017年	2016年
晶两优华占	489	498	372	168	0
晶两优534	477	530	364	72	0
隆两优华占	323	444	367	285	93
泰优390	295	273	243	167	111
晶两优1377	282	136	53	25	0
隆两优534	262	272	146	0	0
宜香优2115	250	213	249	242	182
晶两优1212	236	202	16	0	0
野香优莉丝	222	150	78	12	0
C两优华占	210	260	311	375	232

2. 杂交稻品种推广面积情况

杂交稻主要品种推广面积持续下降。2020年杂交稻推广面积为22 289.90万亩，较2019年下降209.90万亩，同比下降0.93%，占水稻总面积的55.19%，比重下降0.61个百分点。从推广面积变化来看，四川、广西和湖南分列缩减面积的前3位，分别较2019年减少360.40万亩、245.10万亩和109.30万亩，而安徽、江西和贵州分列增长量的前3位，分别较2019年增加253.50万亩、132.50万亩和129.90万亩。杂交籼稻减少而杂交粳稻小幅增加，其中杂交籼稻推广面积21 619.40万亩，占杂交稻总推广面积的96.99%。本次统计中，贵州杂交粳稻未有主要品种推广情况（表1-8）。

杂交早稻推广面积下降。2020年杂交早稻推广面积3 338.80万亩，均为籼稻，较2019年减少105.90万亩，同比下降3.07%，占总面积的8.27%，比重下降0.27个百分点。除安徽和湖南外，其余省份的推广面积均呈现不同程度的缩减，其中，江西缩减量最多，较2019年减少111.70万亩，同比下降13.92%。此外，广西以962.70万亩继续位居杂交早稻推广面积首位（表1-9、表1-10）。

杂交中稻推广面积略有增加。2020年杂交中稻推广面积为13 490.10万亩，较2019年增加22.00万亩，同比上升0.16%，占水稻总面积的33.40%，比重不变。安徽、湖北、四川和湖南分列杂交中稻推广面积前4位，且均超过1 600万亩，分别为2 420.50万亩、2 390.30万亩、1 811.40万亩和1 688.60万亩。贵州和江西增加量较多，分别较2019年增加129.90万亩和108.30万亩，同比上升28.25%和14.46%。杂交中籼推广面积为12 916.90万亩，以95.75%的比重占据杂交中稻的主导地位，而在杂交粳稻中，籼粳交则表现突出（表1-9、表1-10）。

表1-8 2019—2020年全国杂交稻品种推广面积比较

（单位：万亩）

省份	杂交稻				杂交籼稻				杂交粳稻			
	2020年	2019年	增加	上升（%）	2020年	2019年	增加	上升（%）	2020年	2019年	增加	上升（%）
全国	22 289.90	22 499.80	-209.90	-0.93	21 619.40	21 864.50	-245.10	-1.12	670.50	635.30	35.20	5.54
黑龙江	—	—	—	—	—	—	—	—	—	—	—	—
湖南	3 589.00	3 698.30	-109.30	-2.96	3 589.00	3 698.30	-109.30	-2.96	—	—	—	—
江西	3 217.50	3 085.00	132.50	4.29	3 094.20	2 995.30	98.90	3.30	123.30	89.70	33.60	37.46
安徽	2 743.60	2 490.10	253.50	10.18	2 743.60	2 490.10	253.50	10.18	—	—	—	—
江苏	550.70	450.80	99.90	22.16	511.00	434.60	76.40	17.58	39.70	16.20	23.50	145.06
湖北	2 654.10	2 743.80	-89.70	-3.27	2 637.80	2 729.50	-91.70	-3.36	16.30	14.30	2.00	13.99
四川	1 811.40	2 171.80	-360.40	-16.59	1 811.10	2 171.80	-360.70	-16.61	0.30	0.00	0.30	—
广西	2 042.60	2 287.70	-245.10	-10.71	2 042.60	2 287.70	-245.10	-10.71	—	—	—	—
广东	1 548.00	1 555.90	-7.90	-0.51	1 548.00	1 555.90	-7.90	-0.51	—	—	—	—
福建	824.70	845.80	-21.10	-2.49	819.20	841.50	-22.30	-2.65	5.50	4.30	1.20	27.91
浙江	481.50	506.40	-24.90	-4.92	107.40	118.90	-11.50	-9.67	374.10	387.50	-13.40	-3.46
重庆	955.90	975.30	-19.40	-1.99	955.90	975.30	-19.40	-1.99	—	—	—	—
吉林	—	—	—	—	—	—	—	—	—	—	—	—
云南	493.00	456.30	36.70	8.04	409.90	379.50	30.40	8.01	83.10	76.80	6.30	8.20
河南	767.50	743.60	23.90	3.21	759.90	736.00	23.90	3.25	7.60	7.60	0.00	0.00
辽宁	20.60	29.10	-8.50	-29.21	—	—	—	—	20.60	29.10	-8.50	-29.21
贵州	589.80	459.90	129.90	28.25	589.80	450.10	139.70	31.04	0.00	9.80	-9.80	-100.00

表1-9 2019—2020年全国杂交稻品种推广面积汇总

（单位：万亩）

省份	杂交稻			杂交早稻			杂交中稻			杂交晚稻		
	2020年	2019年	上升（%）	2020年	2019年	上升（%）	2020年	2019年	上升（%）	2020年	2019年	上升（%）
全国	22 289.90	22 499.80	-0.93	3 338.80	3 444.70	-3.07	13 490.10	13 468.10	0.16	5 461.00	5 587.00	-2.26
黑龙江	—	—	—	—	—	—	—	—	—	—	—	—
湖南	3 589.00	3 698.30	-2.96	649.90	625.20	3.95	1 688.60	1 624.60	3.94	1 250.50	1 448.50	-13.67
江西	3 217.50	3 085.00	4.29	691.00	802.70	-13.92	857.40	749.10	14.46	1 669.10	1 533.20	8.86
安徽	2 743.60	2 490.10	10.18	132.70	57.30	131.59	2 420.50	2 362.10	2.47	190.40	70.70	169.31
江苏	550.70	450.80	22.16	—	—	—	550.70	450.80	22.16	—	—	—
湖北	2 654.10	2 743.80	-3.27	75.80	130.90	-42.09	2 390.30	2 429.50	-1.61	188.00	183.40	2.51
四川	1 811.40	2 171.80	-16.59	—	—	—	1 811.40	2 171.80	-16.59	—	—	—
广西	2 042.60	2 287.70	-10.71	962.70	974.10	-1.17	173.80	209.00	-16.84	906.10	1 104.60	-17.97
广东	1 548.00	1 555.90	-0.51	713.40	733.40	-2.73	—	—	—	834.60	822.50	1.47
福建	824.70	845.80	-2.49	111.80	119.10	-6.13	372.90	380.80	-2.07	340.00	345.90	-1.71
浙江	481.50	506.40	-4.92	1.50	2.00	-25.00	397.70	426.20	-6.69	82.30	78.20	5.24
重庆	955.90	975.30	-1.99	—	—	—	955.90	975.30	-1.99	—	—	—
吉林	—	—	—	—	—	—	—	—	—	—	—	—
云南	493.00	456.30	8.04	—	—	—	493.00	456.30	8.04	—	—	—
河南	767.50	743.60	3.21	—	—	—	767.50	743.60	3.21	—	—	—
辽宁	20.60	29.10	-29.21	—	—	—	20.60	29.10	-29.21	—	—	—
贵州	589.80	459.90	28.25	—	—	—	589.80	459.90	28.25	—	—	—

杂交晚稻推广面积继续下降。2020年杂交晚稻推广面积为5 461.00万亩,较2019年下降126.00万亩,同比下降2.26%,占总面积的13.52%,比重下降0.34个百分点。江西杂交晚稻较2019年增长135.90万亩,总面积达1 669.10万亩位居全国第一,湖南和广西分别以1 250.50万亩和906.10万亩,分列第二、三位,但同时也是缩减量最多的省份,分别减少198.00万亩和198.50万亩,同比下降13.67%和17.97%(表1-9、表1-10)。

表1-10　2020年全国杂交稻品种推广面积(发光型)　　　(单位:万亩)

省份	杂交籼稻	杂交粳稻	杂交早籼	杂交早粳	杂交中籼	杂交中粳	杂交晚籼	杂交晚粳
全国	21 619.40	670.50	3 338.80	—	12 916.90	573.20	5 363.70	97.30
黑龙江	—							
湖南	3 589.00	—	649.90		1 688.60	—	1 250.50	—
江西	3 094.20	123.30	691.00		754.10	103.30	1 649.10	20.00
安徽	2 743.60	—	132.70		2 420.50	—	190.40	
江苏	511.00	39.70	—		511.00	39.70	—	
湖北	2 637.80	16.30	75.80		2 378.40	11.90	183.60	4.40
四川	1 811.10	0.30	—		1 811.10	0.30	—	
广西	2 042.60	—	962.70		173.80	—	906.10	
广东	1 548.00	—	713.40		—		834.60	
福建	819.20	5.50	111.80		368.70	4.20	338.70	1.30
浙江	107.40	374.10	1.50		95.20	302.50	10.70	71.60
重庆	955.90	—			955.90	—	—	
吉林	—							
云南	409.90	83.10	—		409.90	83.10		
河南	759.90	7.60	—		759.90	7.60		
辽宁	—	20.60	—		—	20.60		
贵州	589.80	—	—		589.80	—	—	

(二)各省推广品种数量情况

2020年全国主要品种推广应用数量较2019年又有增加,增加幅度上籼稻大于粳稻、杂交稻大于常规稻。2020年籼稻品种推广应用数量超过500个次的有7个省份,较2019年增加3个,依次为湖南(856个次)、广西(833个次)、福建(799个次)、广东(771个次)、安徽（633个次）、江西（617个次）以及四川（536个次）。粳稻品种推广数量小幅增加但总体变化幅度较小。吉林以217个次品种数量位居首位，其余超过100个次的省份依次为黑龙江（193个次）、江苏（186个次）、云南（173个次）、辽宁（149个次）以及安徽（131个次）。值得一提的是，2020年云南籼、粳稻推广面积占云南省总面积比例分别为44.15%和55.85%，品种数量比例为64.03%和35.97%，市场分化明显（表1-11）。

表1-11　2019—2020年全国籼稻和粳稻推广品种数量　　　　　　（单位：个次）

省份	品种总数量			籼稻			粳稻		
	2020年	2019年	增加	2020年	2019年	增加	2020年	2019年	增加
黑龙江	193	145	48	—	—	—	193	145	48
湖南	856	888	-32	856	888	-32	—	—	—
江西	629	464	165	617	456	161	12	8	4
安徽	764	539	225	633	461	172	131	78	53
江苏	330	296	34	144	128	16	186	168	18
湖北	362	402	-40	349	390	-41	13	12	1
四川	539	439	100	536	437	99	3	2	1
广西	833	582	251	833	582	251	—	—	—
广东	771	731	40	771	731	40	—	—	—
福建	805	793	12	799	783	16	6	10	-4
浙江	167	166	1	72	73	-1	95	93	2
重庆	349	400	-51	349	399	-50		1	-1
吉林	217	242	-25	—	—	—	217	242	-25
云南	481	520	-39	308	337	-29	173	183	-10
河南	104	114	-10	60	71	-11	44	43	1
辽宁	149	148	1	—	—	—	149	148	1
贵州	416	403	13	410	396	14	6	7	-1

2020年全国早稻品种推广应用数量增加，其中以华南地区广东和广西为主，均超过300个次，其中广东以383个次品种数量继续位居首位；广西增长量最多，较2019年增加90个次，同比上升38.96%。早稻品种应用数量中仅湖北减少。中稻品种推广数量前3位依次为安徽（624个次）、四川（539个次）和云南（481个次），其中安徽增加最多，达162个次，同比上升35.06%。重庆品种推广数量下降最多，较2019年减少51个次，同比下降12.75%。晚

稻品种推广数量除湖南、湖北和浙江外均有所增加，其中广东增加16个次，以388个次位居首位，其余超过300个次的省份依次为广西（348个次）和福建（330个次），广西增加数量最多，较2019年增加96个次，同比上升38.10%（表1-12）。

表1-12　2019—2020年全国早、中、晚稻推广品种数量对比　　　（单位：个次）

省份	早稻			中稻			晚稻		
	2020年	2019年	增加	2020年	2019年	增加	2020年	2019年	增加
黑龙江	—	—	—	193	145	48	—	—	—
湖南	124	122	2	438	455	-17	294	311	-17
江西	208	151	57	193	141	52	228	172	56
安徽	42	35	7	624	462	162	98	42	56
江苏	—	—	—	330	296	34	—	—	—
湖北	22	24	-2	303	330	-27	37	48	-11
四川	—	—	—	539	439	100	—	—	—
广西	321	231	90	164	99	65	348	252	96
广东	383	359	24	—	—	—	388	372	16
福建	167	159	8	308	311	-3	330	323	7
浙江	22	17	5	113	113	0	32	36	-4
重庆	—	—	—	349	400	-51	—	—	—
吉林	—	—	—	217	242	-25	—	—	—
云南	—	—	—	481	520	-39	—	—	—
河南	—	—	—	104	114	-10	—	—	—
辽宁	—	—	—	149	148	1	—	—	—
贵州	—	—	—	416	403	13	—	—	—

2020年全国常规稻和杂交稻品种推广数量均有所增加。常规稻品种中推广数量居前3位的分别是广东（224个次）、吉林（217个次）和黑龙江（193个次），各省（区、市）变化幅度不一，其中安徽、黑龙江和广西增加量较多，均超过40个次，分别较2019年增加61个次、48个次和40个次。杂交稻品种推广应用数量中湖南以786个次继续位居首位，增加量超过100个次的省（区、市）有广西、安徽、江西四川，分别较2019年增加211个次、164个次、143个次和100个次，同比增长23.04%～42.03%（表1-13）。

表1-13 2019—2020年全国常规稻、杂交稻推广品种数量对比 （单位：个次）

省份	2020年推广品种数量	常规稻			杂交稻		
		2020年	2019年	增加	2020年	2019年	增加
黑龙江	193	193	145	48	—	—	—
湖南	856	70	64	6	786	824	-38
江西	629	86	64	22	543	400	143
安徽	764	174	113	61	590	426	164
江苏	330	175	158	17	155	138	17
湖北	362	36	32	4	326	370	-44
四川	539	5	5	0	534	434	100
广西	833	120	80	40	713	502	211
广东	771	224	212	12	547	519	28
福建	805	38	48	-10	767	745	22
浙江	167	67	62	5	100	104	-4
重庆	349	5	8	-3	344	392	-48
吉林	217	217	242	-25	0	0	0
云南	481	184	192	-8	297	328	-31
河南	104	43	42	1	61	72	-11
辽宁	149	143	148	-5	6	5	1
贵州	416	10	0	10	406	403	3

1. 各省常规稻推广应用品种数量情况

2020年全国常规早稻品种推广应用数量中仅福建减少，其他省（区、市）保持不变或有所增加。其中，广东以115个次位居品种推广数量首位，是仅有的超过100个次的省份，较2019年增加7个次，同比增加6.48%。常规中稻品种推广应用数量位居前3位的是吉林（217个次）、黑龙江（193个次）和云南（184个次），其中黑龙江增加量最多，较2019年增加48个次，同比增加33.10%。常规晚稻品种推广应用数量最多的依然是广东省（109个次），除湖北、浙江和湖南外，其余省（区、市）均略有增加，其中，安徽增加33个次，较为突出，同比上升471.43%（表1-14）。

2020年全国常规籼稻品种推广应用数量超过100个次的仅有广东和广西，分别为224个次和120个次；常规粳稻品种推广数量位居前3位的分别是吉林、黑龙江和江苏，分别为217

个次、193个次和174个次，基本上为一季中粳，其中常规早粳品种由2019年福建省的2个到2020年清零，无主推品种应用。常规中籼在南方稻区各省（区、市）均有种植，但与常规晚粳在全国各省推广数量均不到100个次；此外，贵州相比近几年，新增10个次常规中籼品种种植（表1-15）。

表1-14　2019—2020年全国常规稻推广品种数量对比　　　　　（单位：个次）

省份	常规早稻			常规中稻			常规晚稻		
	2020年	2019年	增加	2020年	2019年	增加	2020年	2019年	增加
黑龙江	—	—	—	193	145	48	—	—	—
湖南	20	20	0	23	16	7	27	28	-1
江西	43	38	5	16	12	4	27	14	13
安徽	28	28	0	106	78	28	40	7	33
江苏	—	—	—	175	158	17	—	—	—
湖北	10	9	1	19	14	5	7	9	-2
四川	—	—	—	5	5	0	—	—	—
广西	56	36	20	10	5	5	54	39	15
广东	115	108	7	—	—	—	109	104	5
福建	9	17	-8	11	14	-3	18	17	1
浙江	19	12	7	37	37	0	11	13	-2
重庆	—	—	—	5	8	-3	—	—	—
吉林	—	—	—	217	242	-25	—	—	—
云南	—	—	—	184	192	-8	—	—	—
河南	—	—	—	43	42	1	—	—	—
辽宁	—	—	—	143	148	-5	—	—	—
贵州	—	—	—	10	0	10	—	—	—

表1-15　2020年全国常规稻推广品种数量（发光型）　　　　　（单位：个次）

省份	常规籼稻	常规粳稻	常规早籼	常规早粳	常规中籼	常规中粳	常规晚籼	常规晚粳
黑龙江	—	193	—	—	—	193	—	—
湖南	70	—	20	—	23	—	27	—
江西	85	1	43	—	15	1	27	—
安徽	43	131	28	—	12	94	3	37

（续表1-15）

省份	常规籼稻	常规粳稻	常规早籼	常规早粳	常规中籼	常规中粳	常规晚籼	常规晚粳
江苏	1	174	—	—	1	174	—	—
湖北	29	7	10		19			7
四川	3	2			3	2		
广西	120	0	56		10		54	
广东	224	0	115		—		109	
福建	34	4	9		9	2	16	2
浙江	22	45	19		3	34		11
重庆	5	0	—	—	5			
吉林	0	217	—	—	—	217		
云南	36	148			36	148		
河南	0	43				43		
辽宁	0	143				143		
贵州	10	0			10			

2. 各省杂交稻推广应用品种数量情况

2020年杂交早稻品种推广应用数量排名前3位的省份依次是广东、广西和江西，分别为268个次、265个次和165个次，其中广西增加70个次位居增长幅度首位，同比上升35.90%，杂交早稻推广数量中仅有湖北和浙江减少。杂交中稻品种推广应用数量变化较大，超过400个次的省份依次为四川、安徽、湖南和贵州，分别为534个次、518个次、415个次和406个次。安徽增长量最多，较2019年增加134个次，同比增加34.90%；重庆减少个次最多，达48个次，同比下降12.24%。杂交晚稻品种推广应用数量超过200个次的省（区、市）有5个，依次为福建、广西、广东、湖南和江西，分别为312个次、294个次、279个次、267个次和201个次，其中广西增幅最大，较2019年增加81个次，同比增加38.03%；杂交晚籼仅中湖南、湖北和浙江有所减少（表1-16）。

2020年杂交稻推广品种基本覆盖南方各省份，且杂交籼稻占据主导地位，其中品种数量超过700个次的依次为湖南（786个次）、福建（765个次）和广西（713个次），较2019年增加1个省份。杂交早籼推广品种数量排名前两位的依次为广东和广西，均超过200个次。杂交中籼推广品种数量上，四川反超湖南居于首位，达533个次，其次是安徽（518个次），另外湖南和贵州均达到400个次或以上。杂交晚籼推广品种数量变化不大，超过200个次的省份依然为福建（311个次）、广西（294个次）、广东（279个次）和湖南（267个次）。杂交中粳和杂交晚粳推广品种数量不多，主要以浙江和云南为主，具有较大的推广应用空间（表1-17）。

表1-16　2019—2020年全国杂交早、中、晚稻推广品种数量　　（单位：个次）

省份	杂交早稻			杂交中稻			杂交晚稻		
	2020年	2019年	增加	2020年	2019年	增加	2020年	2019年	增加
黑龙江	—	—		—	—		—	—	
湖南	104	102	2	415	439	-24	267	283	-16
江西	165	113	52	177	129	48	201	158	43
安徽	14	7	7	518	384	134	58	35	23
江苏	—	—	—	155	138	17	—	—	—
湖北	12	15	-3	284	316	-32	30	39	-9
四川	—	—	—	534	434	100	—	—	—
广西	265	195	70	154	94	60	294	213	81
广东	268	251	17	—	—	—	279	268	11
福建	158	142	16	297	297	0	312	306	6
浙江	3	5	-2	76	76	0	21	23	-2
重庆	—	—		344	392	-48	—	—	
吉林	—	—		—	—		—	—	
云南	—	—	—	297	328	-31	—	—	—
河南	—	—		61	72	-11	—	—	
辽宁	—	—		6	5	1	—	—	
贵州	—	—		406	403	3	—	—	

表1-17　2020年全国杂交稻推广品种数量（发光型）　　（单位：个次）

省份	杂交籼稻	杂交粳稻	杂交早籼	杂交早粳	杂交中籼	杂交中粳	杂交晚籼	杂交晚粳
黑龙江	—		—				—	
湖南	786	—	104	—	415	—	267	—
江西	532	11	165	—	168	9	199	2
安徽	590	—	14	—	518	—	58	—
江苏	143	12	—	—	143	12	—	—

省份	杂交籼稻	杂交粳稻	杂交早籼	杂交早粳	杂交中籼	杂交中粳	杂交晚籼	杂交晚粳
湖北	320	6	12	—	281	3	27	3
四川	533	1	—	—	533	1	—	—
广西	713	—	265	—	154	—	294	—
广东	547	—	268	—	—	—	279	—
福建	765	2	158	—	296	1	311	1
浙江	50	50	3	—	39	37	8	13
重庆	344	—	—	—	344	—	—	—
吉林	—	—	—	—	—	—	—	—
云南	272	25	—	—	272	25	—	—
河南	60	1	—	—	60	1	—	—
辽宁	—	6	—	—	—	6	—	—
贵州	400	6	—	—	400	6	—	—

二、2020年我国水稻品种推广应用特点

（一）主导品种推广应用集中度下降

2020年全国各主要省份水稻推广品种应用数量达7 965个次。单个省份品种推广面积在100万亩以上的品种有38个，较2019年增加4个，其推广面积为7 970.93万亩，较2019年减少80.37万亩，同比下降1.00%，占总面积的19.74%，比重下降0.23个百分点。单个省份品种推广面积在10万~100万亩的品种有722个，较2019年增加8个，其推广面积为17 742.25万亩，较2019年减少686.77万亩，同比减少3.73%，占总面积的43.93%，比重下降1.78个百分点。单个省份品种推广面积在10万亩以下的品种有7 205个次，较2019年增加676个次，其推广面积为14 674.22万亩，较2019年增加858.74万亩，同比增加6.22%，占总面积的36.33%，比重上升2.07个百分点（图1-2）。

2020年品种审定数量继续大幅增加，仅国家审定数量达到574个，创历史新高，较2019年增加202个次，同比增加54.30%。审定品种中共有47个部标一级，高档优质稻品种数量持续增加，一级米审定品种数量有所增加，反映市场对高品质大米的需求。此外，种企为应对多元化的市场需求积极扩大布局，多品种实现多区域国审，以增加单个品种的市场竞争力。

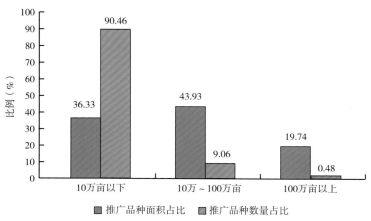

图1-2　全国水稻品种推广应用面积和数量占比情况

（二）主导品种更新换代稳步加快

以主要品种推广面积数据为分析对象，2020年推广面积前10位品种中，绥粳27、晶两优华占、晶两优534、隆两优华占4个品种均为近5年审定品种，以其优质、抗病、广适、高产等优良性状逐步扩大推广面积，迅速进入全国前10位并得以保持。常年推广面积在1 000万亩左右的龙粳31则出现近几年来首次大幅度下滑，绥粳27自2018年审定以来，以其强劲的综合竞争力，一跃成为北方稻区乃至全国推广面积最多的品种（表1-18）。

将常规稻和杂交稻分开来看，常规稻推广面积前10位品种中，绥粳27和龙庆稻8号为近2年新审定品种，品种更换率[①]为20%；杂交稻推广面积前10位中，晶两优1377、晶两优1212和野香优莉丝为新晋品种（即5年内通过审定的品种），品种更换率为30%。从年度间动态变化来看，杂交稻的主推品种更换速度快于常规稻。根据近5年间前10位主推品种面积来看，在涌现出新品种的同时，部分品种的推广面积虽有波动，但因其良好的丰产性和广适性，仍然保持着较大的推广面积（图1-3）。

表1-18　2016—2020年前10位品种推广面积情况　　　　　（单位：万亩）

排名	2020年		2019年		2018年		2017年		2016年	
	品种	面积	品种	面积	品种	面积	品种	面积	品种	面积
1	绥粳27	808	龙粳31	1 119	绥粳18	1 014	绥粳18	996	龙粳31	1 428
2	龙粳31	735	绥粳18	1 015	龙粳31	939	龙粳31	949	中嘉早17	937
3	南粳9108	524	黄华占	649	中嘉早17	587	中嘉早17	858	黄华占	659
4	黄华占	520	晶两优534	530	黄华占	577	龙粳46	858	绥粳18	642

———————

① 品种更换率（%）=新晋前10位品种数量（X）/10×100。

（续表1-18）

排名	2020年		2019年		2018年		2017年		2016年	
	品种	面积	品种	面积	品种	面积	品种	面积	品种	面积
5	绥粳18	519	南粳9108	504	龙粳46	573	黄华占	632	南粳9108	407
6	晶两优华占	489	晶两优华占	498	南粳9108	457	南粳9108	530	淮稻5号	401
7	晶两优534	477	中嘉早17	486	晶两优华占	372	淮稻5号	387	龙粳43	372
8	中嘉早17	473	隆两优华占	444	隆两优华占	367	中早39	376	龙粳39	352
9	隆两优华占	323	绥粳22	329	晶两优534	364	C两优华占	375	湘早籼45号	300
10	湘早籼45号	302	淮稻5号	324	淮稻5号	353	隆两优华占	285	深两优5814	266

注：红色字体品种为近5年逐步退出前10的品种，蓝色字体品种近5年逐步新晋前10的品种。

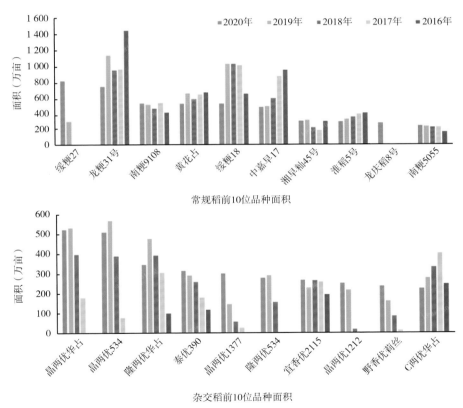

常规稻前10位品种面积

杂交稻前10位品种面积

图1-3　全国常规稻和杂交稻前10位品种面积变化情况

（三）商业化育种水平有待提升

由表1-19、表1-20可知，2020年企业商业化育成品种推广面积在500万亩以上的仅有1个（绥粳18），推广面积为100万～500万亩的有19个，100万亩以上品种较2019年减少3个，合计推广面积为4 778.00万亩，较2019年减少913.00万亩，同比下降16.04%，占总面积的11.83%，比重下降2.28个百分点。品种推广面积在100万亩以下的品种有3 564个次，较2019年增加342个次，合计推广面积达15 216.27万亩，较2019年减少78.43万亩，同比下降0.51%，占总面积的37.68%，比重下降0.25个百分点。主导品种数量增加，推广面积减少，进一步加剧了市场竞争。

2020年20个推广面积达100万亩以上的商业化育成品种来看，2015年后育成的品种占65%，仅2个品种为2010年前审定的品种。新品种如又香优龙丝苗等一经审定，便以其稻米品质优势迅速抢占市场。但近3年来新育成的品种市场开发价值不明显，数量多却难以形成强有力的竞争，同质化现象严重。

表1-19　2020年全国推广面积在100万亩以上商业化育种品种详情

品种名称	推广面积（万亩）	第一育种单位	审定年份
绥粳18	519.00	黑龙江省龙科种业集团有限公司	2014
晶两优华占	489.00	袁隆平农业高科技股份有限公司	2015
晶两优534	477.00	袁隆平农业高科技股份有限公司	2016
隆两优华占	323.00	袁隆平农业高科技股份有限公司	2015
泰优390	295.00	湖南金稻种业有限公司	2013
晶两优1377	282.00	袁隆平农业高科技股份有限公司	2016
隆两优534	262.00	袁隆平农业高科技股份有限公司	2016
晶两优1212	236.00	袁隆平农业高科技股份有限公司	2016
野香优莉丝	222.00	广西绿海种业有限公司	2017
C两优华占	210.00	湖南金色农华种业科技有限公司	2013
五优稻4号	191.00	五常市利元种子有限公司	2009
徽两优898	161.00	安徽荃银高科种业股份有限公司	2015
荃优822	161.00	安徽省皖农种业有限公司	2016
荃优丝苗	160.00	安徽荃银高科种业股份有限公司	2016
甬优1540	154.00	宁波种业股份有限公司	2014
华粳5号	146.00	江苏大华种业有限公司	2005
隆两优1377	140.00	袁隆平农业高科技股份有限公司	2017
绥粳15	140.00	黑龙江省龙科种业集团有限公司	2014
荃两优丝苗	110.00	安徽荃银高科种业股份有限公司	2017
又香优龙丝苗	100.00	广西兆和种业有限公司	2019
推广面积合计	4 778.00	平均推广时间	5.35年

注：数据来源于全国农业技术推广服务中心。下同。

表1-20　2019年全国推广面积在100万亩以上商业化育种品种详情

品种名称	推广面积（万亩）	第一育种单位	审定年份
绥粳18	1 015.00	黑龙江省龙科种业集团有限公司	2014
晶两优534	530.00	袁隆平农业高科技股份有限公司	2016
晶两优华占	498.00	袁隆平农业高科技股份有限公司	2015
隆两优华占	444.00	袁隆平农业高科技股份有限公司	2015
泰优390	273.00	湖南金稻种业有限公司	2013
隆两优534	272.00	袁隆平农业高科技股份有限公司	2016
C两优华占	260.00	湖南金色农华种业科技有限公司	2013
徽两优898	217.00	安徽荃银高科种业股份有限公司	2015
绥粳15	215.00	黑龙江省龙科种业集团有限公司	2014
晶两优1212	202.00	袁隆平农业高科技股份有限公司	2016
隆两优1377	185.00	袁隆平农业高科技股份有限公司	2017
华粳5号	168.00	江苏大华种业有限公司	2005
荃优822	164.00	安徽省皖农种业有限公司	2016
五优稻4号	160.00	五常市利元种子有限公司	2009
荃优丝苗	154.00	安徽荃银高科种业股份有限公司	2016
野香优莉丝	150.00	广西绿海种业有限公司	2017
晶两优1377	136.00	袁隆平农业高科技股份有限公司	2016
Y两优900	114.00	创世纪种业有限公司	2015
野香优9号	113.00	广东粤良种业有限公司	2011
野香优2号	113.00	广西绿海种业有限公司	2013
荃两优丝苗	104.00	安徽荃银高科种业股份有限公司	2017
兆优5431	103.00	深圳市兆农农业科技有限公司	2015
隆两优1988	101.00	袁隆平农业高科技股份有限公司	2016
推广面积合计	5 691.00	平均推广时间	4.65年

（四）供给侧改革下品种优质化趋势明显

由表1-21可知，优质品种发展迅猛，绿色品种总体波动上升。2020年各省（区、市）主推品种中优质品种为355个，占主要品种数量的60.48%，较2019年增加22个，比重上升4.23%；优质品种推广面积达15 844.00万亩，占主要品种推广面积的71.77%，较2019年上升

2.01%，体现了市场对优质品种的需求持续扩大。2020年各省（区、市）主推品种中绿色品种为134个，占主要品种数量的22.83%，较2019年增加31个，比重上升5.43%；绿色品种推广面积达6 636.00万亩，占主要品种推广面积的30.06%，较2019年下降2.50%，总体上数量稳中有增，面积呈现波动趋势。而推广面积前10位品种中，优质品种稳定在80%以上，绿色品种稳定在60%以上。2020年国审品种的总体优质化率超过50%，绿色发展稳步推进，绿色生产技术继续保持较快发展势头，市场结构持续优化。

表1-21　各省（区、市）主推品种绿色优质情况分析

	2016年	2017年	2018年	2019年	2020年
主要品种数量	571	594	563	592	587
主要品种总面积（万亩）	24 175	25 372	22 820	23 576	22 077
优质品种数量	290	312	335	333	355
优质品种数量占比（%）	50.79	52.53	59.50	56.25	60.48
优质品种面积（万亩）	15 580	16 655	15 661	16 446	15 844
优质品种面积占比（%）	64.45	65.64	68.63	69.76	71.77
绿色品种数量	106	142	124	103	134
绿色品种数量占比（%）	18.56	23.91	22.02	17.40	22.83
绿色品种面积（万亩）	6 723	8 896	8 145	7 677	6 636
绿色品种面积占比（%）	27.81	35.06	35.69	32.56	30.06
前10位品种优质品种比率（%）	80	70	80	90	80
前10位品种绿色品种比率（%）	30	50	60	60	60

第二章 当前我国各稻区推广的主要品种情况

一、长江中下游双、单季稻区

长江中下游双、单季稻区位于南岭以北和淮河以南，包括苏、浙、皖、沪、湘、鄂、赣等省（市），又划分为长江中下游平原单、双季稻亚区和江南丘陵平原双季稻亚区。其中江汉平原、洞庭湖平原、鄱阳湖平原、皖中平原、太湖平原和里下河平原等历来是我国著名的稻米产区。本区≥10℃积温4 500～6 500℃·d，水稻生产季节210～260 d，年降水量700～1 600 mm。水稻熟期涵盖早、中、晚，双季稻与单季稻均有大面积分布，该地区高温干旱多发，易发生稻瘟病、白叶枯病、纹枯病等病害，生产中应针对性地做好生育前期病虫害防控工作。

2020年，本稻区推广面积100万亩以上的品种有26个，以黄华占、中嘉早17等为代表的籼型常规稻品种有7个，以晶两优534、晶两优华占、隆两优华占等为代表的杂交稻品种有19个（包括12个籼型两系杂交水稻品种、7个籼型三系杂交水稻品种），其中优质品种19个；绿色品种10个；企业为主体的商业化育种品种14个；2020年合计推广6 154.00万亩。主要推广品种的具体情况见表2-1。

二、长江上游单季稻区

长江上游单季稻区位于我国秦岭以南，包括川、滇、黔、渝、陕等省（市），该区≥10℃积温2 900～8 000℃·d，水稻垂直分布带差异明显，籼粳稻交错分布。水稻生产季节180～260 d，年降水量500～1 400 mm，是我国重要的单季稻主产区。水稻熟期以中籼迟熟为主。上游部分地区海拔较高，寡日高湿，稻瘟病、白叶枯病、稻飞虱等为该地区主要病虫害，生产中应针对性做好防控工作。

2020年以长江上游单季稻区为主，推广面积30万亩以上的品种有12个，较2019年增加1个，包括以宜香优2115等为代表的籼型三系杂交水稻品种10个，两系杂交稻品种1个，粳型常规水稻品种1个（楚粳28号）；其中优质品种11个；绿色品种5个；2020年合计推广面积837.00万亩。主要推广品种的具体情况见表2-2。

三、华南双季稻区

华南双季稻区位于南岭以南，包括闽、粤、桂、琼平原丘陵双季稻亚区。本区≥10℃积温5 800～9 300℃·d，水稻生产季节260～365 d，年降水量1 300～1 500 mm。品种以籼稻为主，主要为感光早籼及感光晚籼。该区属热带和南亚热带湿润季风气候，高温多湿，生产中需针对早稻播种期间的低温阴雨，晚稻出穗、灌浆期的"寒露风"，春、秋干旱，夏季台风暴雨以及交替出现的病虫害等情况，采取相应的预防措施。

2020年以华南双季稻区为主，推广面积50万亩以上的品种有17个，较2019年增加2个；其中美香占2号、五山丝苗等籼型常规水稻5个，中浙优8号、野香优莉丝等杂交稻品种12个（均为籼型三系杂交水稻品种）；优质品种13个；绿色品种9个；商业化育种品种8个；2020年合计推广面积1 622.00万亩。主要推广品种的具体情况见表2-3。

四、华北单季稻区

华北单季稻区位于秦岭、淮河以北，长城以南，包括京、津、冀、鲁、豫和晋、陕、苏、皖的部分地区，可划分为华北北部平原中早熟亚区和黄淮平原丘陵中晚熟亚区。稻作面积约占全国稻作面积的3%。本区≥10℃积温4 000～5 000℃·d，无霜期170～230 d，年降水量580～1 000 mm，冬春干旱、夏秋雨多而集中。北部海河、京津稻区多为一季中熟粳稻，黄淮区多为麦稻两熟粳稻。该区属暖温带半湿润季风气候，春季温度回升缓慢，秋季气温下降较快，稻瘟病、二化螟等为害较重。生产中除做好播期调控外，还需做好水肥管理。

2020年以华北单季稻区为主，推广面积50万亩以上的品种有16个，均为粳型常规水稻（包括2个粳型常规糯稻），其中南粳9108、南粳5055等优质品种11个；苏秀867、金粳818等绿色品种6个；商业化育种品种2个；2020年合计推广面积2 207.00万亩。主要推广品种的具体情况见表2-4。

五、东北单季稻区

东北单季稻区位于黑龙江省以南和长城以北，包括辽宁省、吉林省、黑龙江省和内蒙古自治区东部，划分为黑吉平原河谷特早熟亚区和辽河沿海平原早熟亚区。本区≥10℃积温2 000～3 700℃·d，年降水量350～1 100 mm。稻作期一般在4月中下旬或5月上旬至10月上旬。该区单产较高，米质优良，是商品优质米主产区之一，种植品种为早熟早粳稻，南部为中、迟熟类型，北部为特早熟类型。低温冷害、秋涝春旱等自然灾害和稻瘟病等病害是该区域的主要防控内容。

2020年以东北单季稻区为主，推广面积50万亩以上的品种有17个，均为粳型常规优质品种，其中以绥粳18、绥粳15等为代表的优质绿色的品种5个；绥粳18、五优稻4号等4个品种为商业化育种品种；2019年合计推广面积4 198.00万亩。主要推广品种的具体情况见表2-5。

表2-1　长江中下游双、单季稻区

序号	品种名称	选育单位	主要优缺点及综合评价	推广面积变化	种植建议及风险提示
1	黄华占	广东省农业科学院水稻研究所	植株较矮，株型适中，剑叶挺直，分蘖力强，有效穗多，结实率高，穗型较小，适应广，产量高，米质较优，但抗病能力较差	2019年推广面积649.00万亩，2020年推广面积520.00万亩，同比减少19.88%	生产上作中稻种植时应注意适当推迟播期，避免抽穗期遇到极端高温；湖北作一季晚稻播种最适宜播期为5月25至6月5日。同时加强稻瘟病、白叶枯病防治
2	晶两优华占	袁隆平农业高科技股份有限公司、中国水稻研究所、湖南亚华种业科学研究院	株型适中，剑叶挺直，有效穗多，穗粒数多，结实率高，丰产性好，适应广，米质优，抗稻瘟病、感白叶枯病	2019年推广面积498.00万亩，2020年推广面积489.00万亩，同比减少1.81%	加强防治稻曲病，注意及时防治纹枯病、稻瘟病、黑条矮缩病、螟虫、褐飞虱等病虫害
3	晶两优534	袁隆平农业高科技股份有限公司、广东省农业科学院水稻研究所、深圳隆平金谷种业有限公司、湖南隆平高科种业科学研究院有限公司	株型适中，中抗稻瘟病，丰产性好，中抗稻飞虱。米质达到国家《优质稻谷》标准3级	2019年推广面积530.00万亩，2020年推广面积477.00万亩，同比减少10.00%	加强防治稻曲病，注意及时施药防治稻瘟病、纹枯病、螟虫、稻飞虱等病虫害
4	中嘉早17	中国水稻研究所	株高适中，茎秆粗壮，产量高，较抗倒伏，高感稻瘟病，感白叶枯病，高感褐飞虱，感白背飞虱，米质一般	2019年推广面积486.00万亩，2020年推广面积473.00万亩，同比减少2.67%	该品种全生育期适宜双季稻区作早稻。适用于轻简化栽培。成熟收获前4～6d断水。注意防治恶苗病、稻瘟病、纹枯病等病虫害，防止倒伏
5	隆两优华占	袁隆平农业高科技股份有限公司、中国水稻研究所	株型适中，剑叶挺直，有效穗多，穗粒数多，结实率高，分蘖力强，产量高，适应广，米质较优，流感中感稻瘟病	2019年推广面积444.00万亩，2020年推广面积323.00万亩，同比减少27.25%	该品种穗粒结构协调性较好，产量高，适应广，米质较优，稻瘟病重发区注意加强稻瘟病，同时注意白叶枯病的防治
6	湘早籼45号	湖南省益阳市农业科学研究所	米质优，产量相对较高，抗稻瘟病差	2019年推广面积313.00万亩，2020年推广面积302.00万亩，同比减少3.51%	注意稻瘟病的防治

（续表2-1）

序号	品种名称	选育单位	主要优缺点及综合评价	推广面积变化	种植建议及风险提示
7	泰优390	湖南金稻种业有限公司（现已更名为湖南优至种业有限公司）、广东省农业科学院水稻研究所	生育期适中，米质优，产量较高，耐低温能力中等	2019年推广面积273.00万亩，2020年推广面积295.00万亩，同比增长8.06%	全生育期适合在双季稻区作晚稻。后期不可断水过早，注意防止倒伏和高低温危害，综合防治稻瘟病等病虫害
8	晶两优1377	袁隆平农业高科技股份有限公司、广东省农业科学院水稻研究所、深圳隆平金谷种业有限公司、湖南隆平高科种业科学研究院有限公司	植株直立紧凑，茎秆直径粗到极粗，茎节包裹，无花青苷显色；基部叶鞘绿色，叶片无花青苷显色，剑叶直立正卷，株型适中，熟期转色好	2019年推广面积136.00万亩，2020年推广面积282.00万亩，同比增加107.35%	大田期根据病虫预报，及时施药防治二化螟、稻纵卷叶螟、稻飞虱、纹枯病、稻曲病等病虫害。稻瘟病重发区注意综合防治稻瘟病
9	隆两优534	袁隆平农业高科技股份有限公司、广东省农业科学院水稻研究所、深圳隆平金谷种业有限公司、湖南亚华种业科学研究院	株型适中，生长势强，叶姿直立，叶鞘绿色，释尖秆黄色，短顶芒，后期落色好，半叶下禾，抗性表现一般	2019年推广面积272.00万亩，2020年推广面积262.00万亩，同比减少3.68%	及时施药防治螟虫、稻飞虱、纹枯病、稻曲病等病虫害，重点抓好稻曲病的防治
10	中早39	中国水稻研究所	熟期适中，产量高，中感稻瘟病，感白叶枯病、高感褐飞虱、白背飞虱，米质一般	2019年推广面积293.00万亩，2020年推广面积242.00万亩，同比减少17.41%	该品种全生育期适宜双季稻区作早稻。适用于轻简化栽培。易感恶苗病，综合防治恶苗病、纹枯病、稻瘟病等病虫害
11	晶两优1212	袁隆平农业高科技股份有限公司、广东省农业科学院水稻研究所、湖南隆平高科种业科学研究院有限公司	株型适中，分蘖力强，茎秆韧性较好。叶色绿色，剑叶挺直偏短，穗层整齐，中等穗，着粒均匀。谷粒长形，释尖无色。后期熟相好	2019年推广面积202.00万亩，2020年推广面积236.00万亩，同比增加16.83%	注意防治稻曲病、稻瘟病、纹枯病、螟虫、稻飞虱等病虫害
12	C两优华占	湖南金色农华种业科技有限公司	植株较矮，株型适中，剑叶挺直，分蘖力强，穗大粒多，结实率高，产量高，但稻米品质一般	2019年推广面积260.00万亩，2020年推广面积210.00万亩，同比减少19.23%	生产上作中稻种植时适当推迟播种，避免抽穗期遇到极端高温，后期注意重点纹枯病的防治，同时加强稻瘟病、白叶枯病的防治

（续表2-1）

序号	品种名称	选育单位	主要优缺点及综合评价	推广面积变化	种植建议及风险提示
13	玉针香	湖南省水稻研究所，湖南金健米业股份有限公司	株型适中，叶鞘、稃尖无色，落色好，耐美能力较强，米质优	2019年推广面积156.00万亩，2020年推广面积188.00万亩，同比增加20.51%	在苗期、分蘖期和抽穗破口期必须加强对稻瘟病的防治。同时注意防治纹枯病、白叶枯病等病虫害
14	深两优5814	国家杂交水稻工程技术研究中心清华深圳龙岗研究所	该品种株型适中，分蘖力强，熟期适中，米质品优，稻瘟病抗性较好。但茎秆较细，田间抗倒伏能力一般	2019年推广面积178.00万亩，2020年推广面积164.00万亩，同比减少7.87%	长江中下游种植；生产上大田适当偏施磷钾肥，后期做到健苗栽培，增强抗倒伏能力
15	徽两优898	安徽荃银高科种业股份有限公司，安徽省农业科学院水稻研究所	株型适中，熟期较早，产量高，中感稻瘟病，中感白叶枯病、高感褐飞虱	2019年推广面积217.00万亩，2020年推广面积161.00万亩，同比减少25.81%	大田种植后期忌断水过早，注意防治稻曲病等病虫害
16	荃优822	安徽省皖农种业有限公司，安徽荃银高科种业股份有限公司	株叶型较好，茎秆较粗壮，叶色绿，剑叶较短，粒型较长，少量短芒；颖尖无色，后期转色好	2019年推广面积164.00万亩，2020年推广面积161.00万亩，同比减少1.83%	注意防治稻瘟病、白叶枯病、稻曲病和稻螟虫，稻飞虱等病虫害
17	荃优丝苗	安徽荃银高科种业股份有限公司，广东省农业科学院水稻研究所	该品种熟期较早，产量高，后期转色较好，中感稻瘟病，中感白叶枯病，感褐飞虱，达到国家《优质稻谷》标准3级	2019年推广面积154.00万亩，2020年推广面积160.00万亩，同比增加3.90%	适时防治病虫，抽穗期遇连阴雨天气注意稻瘟病和稻曲病的防治，适时收获
18	天优华占	中国水稻研究所，中国科学院遗传与发育生物学研究所，广东省农业科学院水稻研究所	熟期适中，产量高，中感稻瘟病，感白叶枯病和褐飞虱，米质优	2019年推广面积209.00万亩，2020年推广面积156.00万亩，同比减少25.36%	全生育期可在适宜区域内选作中、晚稻。种植年份较久，抗性有所下降，重点防治稻瘟病等病虫害。在平原、湖区种植要注意防止倒伏
19	甬优1540	宁波市农业科学研究院作物研究所，宁波市种子有限公司	该品种株高适中，株型紧凑，生育期短，剑叶挺直，茎秆粗壮，穗型大，结实率高，分蘖力中等；抗性一般	2019年推广面积147.00万亩，2020年推广面积154.00万亩，同比增加4.76%	忌断水过早，稻瘟病常发区不宜种植

（续表2-1）

序号	品种名称	选育单位	主要优缺点及综合评价	推广面积变化	种植建议及风险提示
20	野香优航1573	江西省超级水稻研发中心、广西绿海种业有限公司、江西天稻粮安种业有限公司	该品种株型适中，剑叶窄长，叶色淡绿，长势繁茂，分蘖力强，穗粒数多，结实率高，千粒重小，熟期转色好。米质达国优2级	2020年推广面积149.00万亩	注意及时防治稻瘟病、二化螟、稻纵卷叶螟、稻飞虱等病虫害
21	两优688	福建省南平市农业科学研究所	该品种熟期适中，产量较高，但米质一般，稻瘟病抗性一般，抽穗时耐热性弱	2019年推广面积205.00万亩，2020年推广面积144.00万亩，同比减少29.76%	生产上作中稻种植时适当推迟播种，避免抽穗期遇到极端高温造成结实率低，大田施肥应适当增施磷钾肥，成熟期不要断水过早，同时注意稻瘟病和白叶枯病的防治
22	隆两优1377	袁隆平农业高科技股份有限公司，广东省农业科学院水稻研究所，深圳隆平金谷种业有限公司，湖南隆平高科种业科学研究院有限公司	植株直立紧凑，茎秆直径粗到极粗，茎节包裹，无花青苷显色；基部叶鞘绿色，叶片无花青苷显色，剑叶直立正卷	2019年推广面积185.00万亩，2020年推广面积140.00万亩，同比减少24.32%	坚持强氯精浸种，预防恶苗病等种子带菌病害的发生。大田期根据病虫测报，及时施药防治二化螟、稻纵卷叶螟、稻飞虱、纹枯病、稻曲病等病虫害，稻瘟病重发区注意防治稻瘟病害。
23	桃优香占	桃源县农业科学研究所，广东省农业科学院水稻研究所，湖南金健种业科技有限公司	株型适中，生长势旺，茎秆有韧性，分蘖能力强，剑叶直立，叶鞘青绿，释尖紫红色，后期落色好，耐低温能力中等	2019年推广面积126.00万亩，2020年推广面积138.00万亩，同比增加9.52%	适宜在湖南省稻病稻瘟病轻发区作双季晚稻种植，秧田要很抓稻飞虱，稻叶蝉的防治，大田注意防治稻瘟病、稻曲病、纹枯病、稻飞虱等病虫害
24	中早35	中国水稻研究所	该品种株型适中，剑叶挺直，整齐度好，长势繁茂，分蘖力一般，有效穗较少，释尖无色，穗粒数多，着粒密，结实率高，熟期转色好	2019年推广面积132.00万亩，2020年推广面积117.00万亩，同比减少11.36%	注意及时防治稻瘟病、纹枯病、螟虫、稻飞虱等病虫害

（续表2-1）

序号	品种名称	选育单位	主要优缺点及综合评价	推广面积变化	种植建议及风险提示
25	荃两优丝苗	安徽荃银高科种业股份有限公司，广东省农业科学院水稻研究所	丰产性较好，米质优，抗性一般	2019年推广面积104.00万亩，2020年推广面积110.00万亩，同比增加5.77%	注意防治病虫害，在抽穗期如遇连阴雨，需要注意防治稻曲病
26	湘晚籼17号	湖南省水稻研究所	株型适中，叶鞘、稃尖均无色，落色好。米质较优。	2020年推广面积101.00万亩	湘中6月16—18日播种，湘北略提早2 d，湘南可略迟。中等偏高肥力水平栽培，切忌脱水过早。加强对稻瘟病、纹枯病和白叶枯病的防治

表2-2　长江上游单季稻区

序号	品种名称	选育单位	主要优缺点及综合评价	推广面积变化	种植建议及风险提示
1	宜香优2115	四川农业大学	该品种分蘖力较强，有效穗多，穗粒数多，米质优，适口性较好，适应性广，但抗稻瘟病和褐飞虱能力差	2019年推广面积213.00万亩，2020年推广面积250.00万亩，同比增加17.37%	该品种米质优，适口性较好，适应性广，但对稻瘟病比较敏感，稻瘟病重发区不宜种植
2	川优6203	四川省农业科学院作物研究所	该品种米质好，商品外观好，米粒较长，长宽比达3.5以上，商品外观好，需要选择大型设备加工。耐肥能力高，抗倒伏性偏弱，抗稻瘟病和褐飞虱能力差	2019年推广面积127.00万亩，2020年推广面积148.00万亩，同比增加16.54%	耐肥能力较弱，苗施10～12 kg纯氮，耐高温，株高略偏弱，抗倒性偏弱，在湖南湖北地区肥力较高的湖区田块种植要慎重
3	楚粳28号	云南楚雄彝族自治州农业科学院	品质达到国家《优质稻谷》标准1级，抗稻瘟病较强，但较易落粒	2019年推广面积98.00万亩，2020年推广面积75.00万亩，同比减少23.47%	该品种品质优，适合高海拔山区；由于该品种推广时间较长，近年抗稻瘟病能力有所下降
4	宜香4245	宜宾市农业科学院	株型紧凑，分蘖力较强，剑叶挺直，叶色浓绿，感稻瘟病，高感稻飞虱，达到国家《优质稻谷》标准2级	2019年推广面积81.00万亩，2020年推广面积64.00万亩，同比减少20.99%	及时防治稻瘟病、稻螟、稻飞虱、纹枯病等病虫

（续表2-2）

序号	品种名称	选育单位	主要优缺点及综合评价	推广面积变化	种植建议及风险提示
5	川种优3877	中国种子集团有限公司；中国种子集团有限公司三亚分公司；四川川种种业有限责任公司	株型适中，分蘖力中等，穗长粒长，抗倒力中强；抽穗期耐热性中等，耐冷性中等，达到农业行业《食用稻品种品质》标准2级	2020年推广面积47.00万亩	浅水促分蘖，够苗及时晒田，湿润壮胎，浅水扬花，后期干湿交替，切忌断水过早。根据植保预测，以防为主，综合防治病虫害。生产上要注意防治稻瘟病等病虫害
6	神农优228	重庆中一种业有限公司	株型松紧适中，释尖紫色，叶鞘紫色，柱头黑色，抗性评价中抗	2019年推广面积36.00万亩，2020年推广面积40.00万亩，同比增加11.11%	及时防治稻飞虱和螟虫。在抽穗前1d左右防治一次纹枯病。稻瘟病常发区在破口期防治一次稻瘟病
7	宜香1979	宜宾市农业科学院	株型紧凑，熟期适中，长势繁茂，后期转色好，高感稻瘟病，米质一般	2019年推广面积35.00万亩，2020年推广面积40.00万亩，同比增加14.29%	注意及时防治稻瘟病，纹枯病，螟虫，稻飞虱等病虫害
8	德优4727	四川省农业科学院水稻高粱研究所	四川省第五届稻香杯特等奖品种，株型适中，有效穗多，穗粒数多，结实率高，大穗型，米质优，但抗稻瘟病和褐飞虱能力差	2019年推广面积42.00万亩，2020年推广面积39.00万亩，同比减少7.14%	可在冬闲田开展中稻—再生稻应用。在稻瘟病重发区不宜种植，在长江上游种植生产氮肥施用量不宜超过10kg纯氮
9	晶两优510	袁隆平农业高科技股份有限公司，湖南隆平种业有限公司，湖南亚华种业科学研究院	抽穗期耐热性中等，耐冷性中等，中感稻瘟病，高感褐飞虱，达到农业行业《食用稻品种品质》标准2级	2020年推广面积37.00万亩	一般苗施纯氮12 kg，注意氮，磷，钾配合使用，比例为2：1：2，忌偏施氮肥；及时施药防治稻飞虱，稻曲病，纹枯病，稻瘟病，稻曲病等病虫害。抽穗期遇阴雨天气要加强稻瘟病和稻曲病的防治
10	渝香203	重庆再生稻研究中心，重庆市农业科学院水稻研究所，宜宾市农业科学院	株型适中，熟期转色好，叶耳，叶舌，释尖无色，穗顶部谷粒白，少量顶质芒，米质优	2019年推广面积33.00万亩，2020年推广面积36.00万亩，同比增加9.09%	科学管水，浅水促蘖，够苗及时晒田，孕穗抽穗期保持浅水层，灌浆结实期干湿交替，后期切忌断水过早。注意及时防治稻瘟病，纹枯病，螟虫，稻飞虱等病虫害

(续表2-2)

序号	品种名称	选育单位	主要优缺点及综合评价	推广面积变化	种植建议及风险提示
11	野香优2998	广西绿海种业有限公司	植株直立紧凑；茎秆直径粗，茎节包裹，无花青苷色；基部叶鞘绿色，剑叶无花青苷色；叶片无花青苷色；剑叶直立正卷；米质优，抗性好	2020年推广面积31.00万亩	一般亩施纯氮8~10 kg，过磷酸钙20 kg，钾肥10 kg作底肥，栽后7 d施纯氮3 kg作追肥。后期不能断水过早，完熟收获。及时防治稻瘟病、白叶枯病、纹枯病，飞虱、稻曲病等病虫害
12	神9优28	重庆中一种业有限公司、重庆市农业科学院水稻研究所	株型适中，分蘖力中等；稃尖、柱头无色，叶鞘绿色，中抗稻瘟病，米质优部标优2级	2020年推广面积30.00万亩	注意及时防治稻瘟病、稻曲病、纹枯病，螟虫、褐飞虱等病虫害，尤其注意防治稻瘟病和白叶枯病

表2-3 华南双季稻区

序号	品种名称	选育单位	主要优缺点及综合评价	推广面积变化	种植建议及风险提示
1	野香优莉丝	广西绿海种业有限公司	剑叶中长、窄，叶鞘、叶片绿色，着粒密，颖尖秆黄色，无芒。中感稻瘟病，高感白叶枯病。农业部《食用稻品种品质》标准3级	2019年推广面积150.00万亩，2020年推广面积222.00万亩，同比增加48.00%	桂南、桂中稻作区作早稻、晚稻，桂北稻作或高寒山区海拔800 m以下地区作中稻或一季稻种植。注意稻瘟病、白叶枯病等病虫害的防治
2	美香占2号	广东省农业科学院水稻研究所	该品种是广东典型的优质品种，米质优，有香味，谷粒较小，是高档配方米的主要品种。缺点是产量较低，后期耐寒力中弱，中感稻瘟病和白叶枯病	2019年推广面积189.00万亩，2020年推广面积202.00万亩，同比增长6.88%	建议稻瘟病重发区不宜种植，粤北稻作区根据生育期慎重选择使用，栽培上要注意防治稻瘟病和白叶枯病
3	中浙优8号	中国水稻研究所、浙江勿忘农种业集团有限公司	该品种穗大粒多，生长清秀，后期熟色较优，丰产性较好，米质较好，缺点是感稻瘟病	2019年推广面积204.00万亩，2020年推广面积169.00万亩，同比减少17.16%	栽培上要注意防治稻瘟病等病虫害

（续表2-3）

序号	品种名称	选育单位	主要优缺点及综合评价	推广面积变化	种植建议及风险提示
4	粤农丝苗	广东省农业科学院水稻研究所	株型适中，植株较矮，分蘖力较强，茎秆韧性较好。剑叶中长，直挺，叶色浅黄。谷粒长形，释尖无色，无芒。后期熟相较好	2019年推广面积74.00万亩，2020年推广面积114.00万亩，同比增加54.05%	重点防治纹枯病以及白叶枯病
5	五山丝苗	广东省农业科学院水稻研究所	成穗率高，熟色好，抗倒力中强，耐寒性中，是优质抗病优良品种，纹枯病	2019年推广面积119.00万亩，2020年推广面积104.00万亩，同比减少12.61%	注意纹枯病的防治
6	又香优龙丝苗	广西兆和种业有限公司	该品种株型紧凑，叶色淡绿，剑叶宽挺，长势繁茂，分蘖力较强，穗粒数多，着粒密，结实率较色，千粒重小，熟期转色好	2020年推广面积100.00万亩	该组合属多穗小粒型品种，株型较紧凑，分蘖力中上，最好选中高水肥田块种植，充分发挥其增产潜力。加强稻白叶枯病、白叶枯病、稻瘟病等病虫害的防治
7	吉丰优1002	广东省农业科学院水稻研究所、广东省金稻种业有限公司	株型中集，分蘖力中强，抗倒力强，耐寒性中弱，丰产性突出	2019年推广面积78.00万亩，2020年推广面积86.00万亩，同比增加10.26%	适宜广东省中南和西南稻作区的平原地区晚造种植。栽培上要注意防治白叶枯病
8	粤禾丝苗	广东省农业科学院水稻研究所	植株矮壮，株型中集，分蘖力中等，抗倒力强，后期熟色好。米质优	2019年推广面积83.00万亩，2020年推广面积78.00万亩，同比减少6.02%	江西地区种植应注意防治稻瘟病和白叶枯病
9	野香优9号	广东粤良种业有限公司	该品种米质为国家《优质稻谷》标准2级，品质优，食味好，中感一高感白叶枯病	2019年推广面积113.00万亩，2020年推广面积74.00万亩，同比减少34.51%	该品种抗倒性一般，栽培上注意露晒田，增强植株抗倒性，注意加强稻瘟病、枯病防治
10	广8优165	广东省农业科学院水稻研究所、广东省金稻种业有限公司	分蘖力中强，穗大粒多，抗倒力强，耐寒性中，适合机械化收割	2019年推广面积77.00万亩，2020年推广面积72.00万亩，同比减少6.49%	注意防治稻瘟病和白叶枯病

（续表2-3）

序号	品种名称	选育单位	主要优缺点及综合评价	推广面积变化	种植建议及风险提示
11	恒丰优华占	广东省粤良种业有限公司，中国水稻研究所	株型中集，分蘖力中等，穗大粒多，抗倒力较强，耐寒性中强	2019年推广面积72.00万亩，2020年推广面积65.00万亩，同比减少9.72%	注意防治稻瘟病，特别注意防治白叶枯病
12	中浙优1号	中国水稻研究所，浙江省种子公司	该组合株形紧凑，叶色深绿，剑叶挺直，穗大粒多，结实率高，丰产性好	2019年推广面积77.00万亩，2020年推广面积63.00万亩，同比减少18.18%	栽培上注意防止倒伏，稻瘟病重发区要注意防治稻瘟病
13	广8优金占	广东省金稻种业有限公司；广东省农业科学院水稻研究所	株型中集，分蘖力中等，穗长粒多，抗倒力中强。耐寒性中强，抗稻瘟病，感白叶枯病	2019年推广面积62.00万亩，2020年推广面积62.00万亩，年度间保持稳定	适宜广东省粤北稻作区和中北稻作区早、晚造种植。栽培上要注意防治白叶枯病
14	广8优郁香	广西兆和种业有限公司，广东省农业科学院水稻研究所	叶鞘绿色，柱头白色，剑叶正卷，感稻瘟病，达到农业行业《食用稻品种品质》标准1级	2020年推广面积58.00万亩	该组合株型较紧凑，分蘖力中上，最好选中高水肥田块种植，充分发挥其增产潜力。加强稻瘟病、白叶枯病等病虫害的防治
15	广8优香丝苗	广西兆和种业有限公司，玉林市农业科学院，广东省农业科学院水稻研究所	叶鞘绿色，柱头、颖尖均白色，颖壳黄色，无芒；中抗稻瘟病；达到《食用稻品种品质》标准优质1级	2020年推广面积52.00万亩	中上施肥水平，施足基肥，早施重施分蘖肥，氮磷钾搭配，促低位分蘖成大穗，成较多有效穗数；注意稻瘟病、白叶枯病等病虫害的防治
16	闽香463	广西博士园种业有限公司	叶鞘绿色，叶片中到深绿色，叶舌长度长；颖壳浅黄色，穗姿态黄色，穗姿态强态下弯，中感稻瘟病，中感白叶枯病，米质优	2020年推广面积51.00万亩	氮、磷、钾合理搭配施用，施足基肥，早施重施分蘖肥，多施钾肥，因该品种穗大粒多，中后期应视苗情施穗肥
17	深优9516	清华大学深圳研究院	植株较高，株型中集，分蘖力强，抗倒率高，耐寒性中。适合机械化收割	2018年推广面积74.00万亩，2019年推广面积70.00万亩，同比减少5.41%	栽培上要注意防治白叶枯病

表2-4 华北单季稻区

序号	品种名称	选育单位	主要优缺点及综合评价	推广面积变化	种植建议及风险提示
1	南粳9108	江苏省农业科学院粮食作物研究所	生育期适中，高产稳产，米质优，抗感纹叶枯病，感穗颈瘟，中感白叶枯病，高感纹枯病	2019年推广面积504.00万亩，2020年推广面积524.00万亩，同比增加3.97%	感穗颈瘟，中感白叶枯病，高感纹枯病，需加强病害防治
2	淮稻5号	江苏省淮阴地区淮阴农业科学研究所	该品种丰产性好，稻瘟病抗性下降，适口性一般	2019年推广面积324.00万亩，2020年推广面积293.00万亩，同比下降8.22%	推广时间长，稻瘟病抗性下降
3	南粳5055	江苏省农业科学院粮食作物研究所	株型紧凑，抗倒性强，生育期适中，高产稳产，米质优，白叶枯病、纹枯病，条纹叶枯病抗性差	2019年推广面积233.00万亩，2020年推广面积242.00万亩，同比增加3.86%	播前用药剂浸种预防恶苗病和干尖线虫病等种传病害，秧田期和大田期注意灰飞虱、稻蓟马等的防治，中、后期要综合防治纹枯病、螟虫、稻纵卷叶螟、稻飞虱等，注意穗颈稻瘟、白叶枯病的防治
4	华粳5号	江苏省大华种业集团有限公司	高产稳产，米质优，抗倒伏，稻瘟病抗性弱	2019年推广面积168.00万亩，2020年推广面积146.00万亩，同比减少13.10%	推广时间较长，中后期需防治稻瘟病、纹枯病、螟虫
5	苏秀867	浙江省嘉兴市农业科学研究院、江苏省连云港市苏乐种业科技有限公司	该品种生育期适中，高产稳产，米质优，中抗稻瘟、抗条纹叶枯病	2019年推广面积113.00万亩，2020年推广面积112.00万亩，同比减少0.88%	及时防治纹枯病、稻曲病、飞虱、螟虫等病虫害
6	金粳818	天津市水稻研究所	该品种产量高，米质优，中抗稻瘟病，抗条纹叶枯病	2019年推广面积为83.00万亩，2020年推广面积110.00万亩，同比增加32.53%	注意及时防治稻瘟病、白叶枯病、纹枯病等病虫害
7	南粳46	江苏省农业科学院粮食作物研究所	株型紧凑，长势较旺，叶色中绿，穗型中等，群体整齐，分蘖力较强，后期熟色较好，抗倒性较强	2019年推广面积为75.00万亩，2020年推广面积109.00万亩，同比增加45.33%	及时防治各种病虫害，特别要注意穗颈稻瘟病和纹枯病的防治

（续表2-4）

序号	品种名称	选育单位	主要优缺点及综合评价	推广面积变化	种植建议及风险提示
8	镇糯19	江苏丘陵地区镇江农业科学研究所、江苏丰源种业有限公司	株型较紧凑，长势较旺，穗型较大，分蘖力中等，叶色中绿，后期熟相好，抗倒性较强	2019年推广面积84.00万亩，2020年推广面积106.00万亩，同比增加26.19%	秧田期和大田期注意灰飞虱、稻蓟马等的防治，中、后期要综合防治纹枯病、稻曲病、螟虫，稻纵卷叶螟等。特别要注意黑条矮缩病、穗颈瘟的防治
9	宁粳7号	南京农业大学农学院	抗倒性好，后期灌浆快，穗型较大，高产稳产，米质优，稻瘟病、白叶枯病，纹枯病抗性差	2019年推广面积105.00万亩，2020年推广面积94.00万亩，同比减少10.48%	中感穗颈瘟，感白叶枯病，感纹枯病，需加强病害防治
10	津原89	天津市原种场	抗条纹叶枯病，丰产性好	2019年推广面积55.00万亩，2020年推广面积90.00万亩，同比增加63.64%	适宜在天津市作一季春稻稻植，注意预防稻瘟病和稻曲病，及时防治稻水象甲、二化螟等虫害
11	南粳3908	江苏省农业科学院粮食作物研究所、江苏明天种业科技股份有限公司	株型紧凑，分蘖力中等偏上，群体整齐度好，抗倒性强，穗型大，叶色中绿，叶姿挺，成熟期转色好。米质较优	2020年推广面积70.00万亩	为保持该品种的优质食味，宜少施氮肥，多施有机肥，特别是后期尽量不施氮肥；尤其要注意稻瘟病、白叶枯病的防治
12	皖垦糯1号	安徽皖垦种业有限公司	中抗稻瘟病，抗稻曲病，中抗纹枯病，感白叶枯病，米质达部标1级	2019年推广面积77.00万亩，2020年推广面积68.00万亩，同比减少11.69%	加强稻曲病和稻飞虱的防治工作
13	连粳15号	连云港市农业科学院	株型紧凑，群体整齐度好，长势旺，分蘖力强，成熟率高，叶色中绿，后期熟相好，抗倒性好，抗性一般，米质较优	2019年推广面积69.00万亩，2020年推广面积68.00万亩，同比减少1.45%	适宜在江苏省淮北地区种植，破口期注意防治穗茎瘟
14	嘉花1号	浙江省嘉兴市农业科学研究院	株型紧凑，茎秆粗壮，生长整齐清秀，后期熟相好。分蘖力中等，成穗率高，穗大，粒多	2020年推广面积64.00万亩	预防稻瘟病和倒伏

（续表2-4）

序号	品种名称	选育单位	主要优缺点及综合评价	推广面积变化	种植建议及风险提示
15	盐粳15号	盐城市盐都区农业科学研究所	株型集散适中，分蘖力较强，叶色深绿，叶姿较挺，群体整齐度好，抗倒性好，成穗率高，穗型中等，着粒密度较密，后期转色好	2019年推广面积53.00万亩，2020年推广面积60.00万亩，同比增加13.21%	适宜在江苏省苏中地区种植
16	皖稻68	凤台县水稻原种场	剑叶短挺，株形紧凑，分蘖力强，熟相好，抗白叶枯病，感稻瘟病	2020年推广面积51.00万亩	收割前5 d断水，切忌断水过早。注意防治稻瘟病

表2-5　东北单季稻区

序号	品种名称	选育单位	主要优缺点及综合评价	推广面积变化	种植建议及风险提示
1	绥粳27	黑龙江省农业科学院绥化分院	香稻品种，长粒粒型，丰产性好，米质优	2019年推广面积296.00万亩，2020年推广面积808.00万亩，同比增加172.97%	适宜在黑龙江省≥10℃活动积温2 325℃·d地区种植
2	龙粳31	黑龙江省农业科学院佳木斯水稻研究所、黑龙江省龙粳高科有限责任公司	丰产性好，米质优	2019年推广面积1 119.00万亩，2020年推广面积735.00万亩，同比减少34.32%	注意氮、磷、钾肥配合施用，及时预防和控制病、虫、草害的发生
3	绥粳18	黑龙江省龙科种业集团有限公司	米质优，抗稻瘟病，稳产性好	2019年推广面积1 015.00万亩，2020年推广面积519.00万亩，同比减少48.87%	旱育捕秧栽培，浅湿干交替。预防立枯病、稻瘟病，预防潜叶蝇、二化螟
4	龙庆稻8号	庆安县北方绿洲稻作研究所	椭圆粒型，达到国家《优质稻谷》标准2级	2020年推广面积275.00万亩	预防稻瘟病和冷害
5	龙粳65	黑龙江省农业科学院佳木斯水稻研究所	该品种主茎11片叶，椭圆粒型，株型适中，达到国家《优质稻谷》标准2级	2020年推广面积21.00万亩	预防稻瘟病等

（续表2-5）

序号	品种名称	选育单位	主要优缺点及综合评价	推广面积变化	种植建议及风险提示
6	盐丰47	辽宁省盐碱地利用研究所	该品种熟期适中、产量高、米质优、中感稻瘟病	2019年推广面积206.00万亩，2020年推广面积216.00万亩，比增加4.85%	注意稻水象甲和二化螟的防治，病害以防治稻瘟病为主，个别地区注意同时防治条纹叶枯病和纹枯病
7	绥粳28	黑龙江省农业科学院绥化分院	该品种为香稻品种，丰产性好，抗性好，米质优	2019年推广面积81.00万亩，2020年推广面积206.00万亩，比增加154.32%	适宜在黑龙江省≥10℃活动积温2 450℃·d地区种植，注意预防稻瘟病
8	齐粳10	黑龙江省农业科学院齐齐哈尔分院	该品种为香稻品种，长粒型，丰产性一般，抗性优，米质优	2019年面积70.00万亩，2020年推广面积204.00万亩，比增加191.43%	适宜在黑龙江省≥10℃活动积温2 500℃·d地区种植，注意预防稻瘟病
9	五优稻4号	五常市利元种子有限公司	丰产性好，中抗叶瘟病，抗穗颈瘟，米质优，有香味，抗冷性不强，但熟期晚，感穗瘟	2019年推广面积160.00万亩，2020年推广面积191.00万亩，比增加19.38%	该品种熟期晚，抗冷性不强。生产上应抢前抓早、早育壮苗，减少氮肥，增施磷钾肥，注意在任孕穗期发生障碍性冷害，注意防止稻瘟病和二化螟
10	龙粳57	黑龙江省农业科学院佳木斯水稻研究所	椭圆粒型，丰产性较好，达到国家《优质稻谷》糯稻标准	2020年推广面积178.00万亩	"花达水"插秧，分蘖期浅水灌溉，有效分蘖末期晒田，复水后间歇灌溉，黄熟末期排干；注意病虫草害的及时防治
11	绥粳15	黑龙江省龙科种业集团有限公司	丰产性好，抗稻瘟病，有香味，米质优	2019年推广面积215.00万亩，2020年推广面积140.00万亩，比减少34.88%	旱育稀植栽培，浅湿干交替灌溉，浅水后灌溉。预防青枯病、立枯病、纹枯病、稻瘟病。预防潜叶蝇、负泥虫、二化螟
12	绥育117463	黑龙江省农业科学院绥化分院	香稻品种，长粒型，丰产性较好，达到国家《优质稻谷》标准2级	2020年推广面积102.00万亩	适宜在黑龙江省≥10℃活动积温2 500℃·d区域种植。及时预防稻瘟病

（续表2-5）

序号	品种名称	选育单位	主要优缺点及综合评价	推广面积变化	种植建议及风险提示
13	绥粳22	黑龙江省农业科学院绥化分院	长粒型，丰产性好，米质优	2019年推广面积329.00万亩，2020年推广面积92.00万亩，比减少72.04%	适宜黑龙江省第二积温带种植。预防病害：青枯病、立枯病、稻瘟病、纹枯病、稻瘟病。预防虫害：潜叶蝇、负泥虫、二化螟
14	龙粳46	黑龙江省农业科学院佳木斯水稻研究所、佳木斯龙粳种业有限公司、黑龙江省龙科种业集团有限公司	丰产性好，米质优，稻瘟病抗性较差	2019年推广面积151.00万亩，2020年推广面积92.00万亩，比减少39.07%	注意氮、磷、钾肥配合施用，及时预防和控制病虫草害的发生
15	三江6号	北大荒垦丰种业股份有限公司，黑龙江省农垦总局建三江农业科学研究所	香稻品种；香稻品种，米饭清香，丰产性好，适口性好	2020年推广面积79.00万亩	黑龙江省第二积温带下限垦区种植；氮、磷、钾肥合理配合施用
16	龙粳29	黑龙江省农业科学院水稻研究所，黑龙江省龙粳高科有限责任公司	丰产性好，米质较优	2019年推广面积128.00万亩，2020年推广面积76.00万亩，比减少40.63%	黑龙江省第三积温带下限种植；注意氮、磷、钾肥配合施用，及时预防、控制病虫草害的发生
17	白粳1号	白城市农业科学院	株型紧凑，茎叶深绿色，分蘖力强，籽粒细长形，籽粒黄色，无芒；米质符合一等食用粳稻品种质量标准	2019年推广面积65.00万亩，2020年推广面积64.00万亩，比减少1.54%	盐碱稻区必须施用锌肥，每公顷施用硫酸锌25 kg。分蘖期浅水灌溉，孕穗期浅水或湿润灌溉，成熟期干湿结合。7月上中旬注意防治二化螟，注意及时防治稻瘟病

第三章　全国水稻发展趋势展望及建议

一、优化审定管理，促进审定品种从量变到质变

随着种业企业、科研院所育种创新能力的不断强化，品种审定制度开放性变革为我国农作物品种的创新需求提供了充分释放的试验渠道。2020年国审水稻品种574个，再创历史新高，绿色通道、联合体，再结合引种备案制度的实施，短期内进入市场的品种数量迅速增加，出现阶段性"井喷"现象，农作物品种供求关系发生转变，从过去的"缺品种"过渡到现在"选品种"的新情况。但当前多数品种出现低水平重复、同质化严重的现象，增加了农民选种难度，也加大了市场监管难度。

提高审定标准、强化试验过程监管、严把数据质量，是守好市场准入品种的最后一道门槛。从品种准入关推动种业进入高质量发展阶段，一是需要优化区试审定评价指标，推动品种审定从量变到质变的转变。二是需要坚持统一归口、分类管理原则，统筹抓好各渠道试验组织管理，加强国家和省两级试验管理协同，强化联合体和绿色通道试验监管。三是严格执行新的审定标准，在丰产性、抗病性以及DNA指纹差异位点数等方面提高审定标准后，应严格执行，相互监督，引导建立品种审定从"量"到"质、量并重"的观念转变，追求"量"的同时更要注重"质"。

二、创制绿色安全新种质，加快特殊类型品种研究应用

随着近年气候变化差异明显、灾害性天气显著多发，水稻推广品种对于抗病性、耐低温、耐高温、抗倒性等绿色安全性状要求进一步提高。2020年早稻收获期连续暴雨天气、晚稻抽穗扬花期的寒露风危害等，水稻产量受损严重。因此保障粮食高产稳产，提高品种抗逆能力至关重要，且现阶段新疫情发展环境下出现逆全球化现象，多国及海外地区为保障本土粮食供应，相继启动了限制粮食出口政策。因而保障粮食供给安全成为当下时事讨论新热点。

发挥我国水稻品种资源优势，充分鉴定评价现有种质资源，利用现代生物育种技术挖掘

创制一批抗逆、广适、逆境耐受能力强的新种质，提高新品种综合安全性指标，是摆在水稻种业创新的重要任务。同时面对我国复杂的种植条件，强化"种适应地"的品种创新方向引领，针对"镉"等当前影响稻米安全食用的问题，应加大基因编辑技术研究、创制"镉"低吸育种技术；针对大面积盐碱地、干旱缺水地区，加强耐盐碱、抗旱节水等适宜非生物逆境种植品种的试验技术研究，是水稻品种创新的永恒课题。在此过程中，为推进产业化研究，品种管理部门需积极组织开展特殊类型品种试验，同时尽快形成科学的评价及审定标准，为品种产业化打通市场准入标准；其次调动多方特别是政府部分的力量，积极宣传引导，加大政府采购力度，构建保障措施，可有效引导促进特殊类型品种顺利开发。

三、深耕水稻产业链，打造产业闭环

乡村振兴，种业先行。种业是典型的三产融合产业，涵盖了育种科研、种子生产、加工包装、仓储物流等业态，充分挖掘产业潜在价值，能够有效促进农业产业发展和农民充分就业。目前我国水稻种植人力投入高、经济效益低，小规模种植农民的生产积极性不足；规模种植体量小，散户种植劳动力不断流失；水稻机械化整体水平严重落后，育秧、移栽及田间管理等重要环节因地理位置差异等因素发展缓慢。随着土地流转、规模种植的加快发展，对适宜轻简化、机械化种植的水稻品种需求日益增多。

加强适宜轻简化、机械化种植的品种的选育，提高农业机械化装备水平，打通水稻种植与稻谷加工和品牌建设等各环节，促进融合发展，是提高水稻产业整体价值的必经之路。下一步，需要积极发展适度规模经营，健全农业生产社会化服务体系，扶持带动小农户发展，因地制宜发展推进生产托管等种植模式变革，有效满足多样化服务需求；加强产业融合，积极探索产业融合模式，打造稻谷烘干、加工、储存、销售全产业链，促进农业生产与加工、流通、销售、旅游等产业相互连接、交叉融合，以此推动水稻产业做大做强做优，让广大种植户分享到更多产业附加值，让快速发展的现代农业惠及更多农民。

第二部分

小　麦

第四章　2020年我国小麦品种推广应用概况

一、2020年我国在全球小麦格局中的状况

据联合国粮农组织最新统计资料，印度、俄罗斯、中国、美国、哈萨克斯坦、澳大利亚、加拿大、巴基斯坦、伊朗和土耳其是世界上小麦种植面积最大的10个国家（FAO，2019），均在1亿亩以上（表4-1）。中国年产量最高，近3年平均超过1.31亿t；其次为印度，约1.01亿t，俄罗斯和美国分别约0.77亿t和0.50亿t；法国、加拿大、乌克兰、巴基斯坦和德国紧随其后，年产量均超过0.22亿t（表4-2）。

表4-1　2017—2019年小麦种植面积最大的10个国家汇总　　　　　　　（单位：万亩）

序号	国家	2019年	2018年	2017年
1	印度	43 978	44 476	46 178
2	俄罗斯	41 338	39 708	41 276
3	中国	35 595	36 399	36 717
4	美国	22 559	24 046	22 797
5	哈萨克斯坦	17 121	17 032	17 868
6	澳大利亚	15 603	16 379	18 287
7	加拿大	14 483	14 822	13 475
8	巴基斯坦	13 017	13 196	13 459
9	伊朗	12 054	10 933	9 790
10	土耳其	10 248	10 027	11 493

注：资料来源于2017—2019年度FAO的数据。下同。

表4-2　2017—2019年小麦年产量最高的10个国家汇总　　　　　（单位：万t）

序号	国家	2019年	2018年	2017年
1	中国	13 360	13 144	13 424
2	印度	10 360	9 987	9 851
3	俄罗斯	7 445	7 214	8 600
4	美国	5 226	5 131	4 738
5	法国	4 060	3 542	3 868
6	加拿大	3 235	3 220	3 038
7	乌克兰	2 837	2 465	2 621
8	巴基斯坦	2 435	2 508	2 667
9	德国	2 306	2 026	2 448
10	阿根廷	1 946	1 852	1 840

　　世界单产水平最高的10个国家中，近3年爱尔兰平均亩产在600 kg以上，位列第1，但其总面积不足100万亩（表4-3）；其次为荷兰、比利时、英国、新西兰，平均亩产水平在550 kg以上，其中只有英国种植面积超过2 000万亩，总产近1 500万t；丹麦、法国、瑞士、德国紧随其后，平均亩产水平在480 kg左右，其中只有法国和德国的种植面积分别在7 800万亩和4 500万亩以上，总产约0.38亿t和0.22亿t。近3年中国平均亩产近370 kg（表4-4），列全球第18位，约为单产水平最高国家爱尔兰平均亩产的60%。在世界小麦种植面积最高的10个国家中，中国的小麦单产水平最高，约为印度、美国和加拿大的1.6倍，是俄罗斯、澳大利亚的1.9和2.6倍。

表4-3　2017—2019年小麦单产水平最高的10个国家汇总

国家	单产（kg/亩）			面积（万亩）			总产量（万t）		
	2019年	2018年	2017年	2019年	2018年	2017年	2019年	2018年	2017年
爱尔兰	625	558	678	95	87	101	60	49	68
荷兰	625	574	606	181	167	174	113	96	105
比利时	622	566	574	306	294	296	190	166	170
英国	596	517	552	2 724	2 622	2 688	1 623	1 356	1 484
新西兰	590	597	658	68	62	62	40	37	41
丹麦	540	411	549	860	639	880	464	262	483
法国	516	451	484	7 866	7 851	7 998	4 060	3 542	3 868

国家	单产（kg/亩）			面积（万亩）			总产量（万t）		
	2019年	2018年	2017年	2019年	2018年	2017年	2019年	2018年	2017年
瑞士	494	490	466	130	132	131	50	50	53
德国	493	445	510	4 677	4 554	4 804	2 306	2 026	2 448
赞比亚	446	352	483	34	33	40	15	11	19

表4-4　2017—2019年小麦种植面积最大10个国家的单产水平汇总　　　　（单位：kg/亩）

序号	国家	2019年	2018年	2017年
1	印度	236	225	213
2	俄罗斯	180	182	208
3	中国	375	361	366
4	美国	232	213	208
5	哈萨克斯坦	66	82	83
6	澳大利亚	113	128	174
7	加拿大	223	217	225
8	巴基斯坦	187	190	198
9	伊朗	139	145	130
10	土耳其	185	183	187

二、2020年我国小麦生产概况

小麦在我国是仅次于玉米和水稻的第三大粮食作物，据国家统计局资料，2020年全国粮食播种面积17.515亿亩，比2019年增加了0.61%；其中谷物14.695亿亩，总产66 949万t，平均亩产420 kg，较2019年增加1.6 kg。小麦面积3.507亿亩，占谷物总面积的23.87%，比2019年减少1.15%；总产1.342 5亿t，占谷物总产量的20.05%，较上年增加66万t；亩产382.80 kg，较上年增加7.47 kg。

据全国农业技术推广服务中心资料，2020年度有统计面积（指冬麦品种10万亩以上，春麦品种5万亩以上，下同）的冬、春小麦品种共467个，推广面积分别为2.84亿亩和0.16亿亩，约占全国的94.5%和5.5%。在403个冬麦品种中，推广面积最大的前10个品种包括百农207、济麦22、百农4199、山农28、山农29、郑麦379、新麦26、烟农19、中麦895、烟农999，均在500万亩以上，累计推广8 412万亩，较2019年减少2 288万亩，约占全国小麦总面积的27.96%，具体见表4-5。其中，河南育种单位育成品种4个，山东育成品种5个，另有中国农业科学院作物科学研究所育成品种1个。

河南、山东、安徽、江苏、河北等5省推广面积最大，其中河南8 000万亩以上，山东其次，约5 800万亩；安徽、江苏和河北随后，为3 000万～4 000万亩；其中，安徽、江苏两省的品种推广数量最多，分别为162个和118个，其次为河南、河北、陕西和山东，均在50个以上，具体见表4-6。

表4-5 2011—2020年推广面积前10位冬麦品种面积变化情况 （单位：万亩）

品种	2020年	2019年	2018年	2017年	2016年	2015年	2014年	2013年	2012年	2011年
百农207	1 600	2 117	1 990	1 590	676	108	38			
济麦22	1 532	1 663	1 405	1 688	1 817	2 348	3 254	3 428	3 660	3 877
百农4199	930	689	294							
山农28号	762	809	859	618	467	19				
山农29号	726	683	623	383	33					
郑麦379	653	590	639	485	301	98	12			
新麦26	585	534	420	274	93	71	81	92	53	
烟农19	568	546	587	638	875	802	694	628	885	903
中麦895	554	817	1 062	675	604	258	184	48		
烟农999	502	466	321	108	99	32	13			

注：资料来源于全国农业技术推广服务中心。下同。

表4-6 冬麦区2017—2020年各省（区、市）品种推广数量和面积汇总情况

省（区、市）	2020年		2019年		2018年		2017年	
	品种数（个次）	面积（万亩）	品种数（个次）	面积（万亩）	品种数（个次）	面积（万亩）	品种数（个次）	面积（万亩）
河南	96	8 221	89	8 303	95	8 334	88	8 315
山东	59	5 770	55	5 766	57	5 884	68	5 887
安徽	162	3 749	158	3 773	132	3 800	116	3 922
江苏	118	3 201	115	3 212	106	3 225	77	3 173
河北	77	3 161	77	3 295	72	3 286	86	3 399
新疆	12	941	13	1 058	8	836	10	947
陕西	72	926	67	1 142	66	1 196	58	1 313

（续表4-6）

省 （区、市）	2020年		2019年		2018年		2017年	
	品种数 （个次）	面积 （万亩）	品种数 （个次）	面积 （万亩）	品种数 （个次）	面积 （万亩）	品种数 （个次）	面积 （万亩）
湖北	35	746	30	812	26	1 291	31	1 333
山西	47	581	43	584	41	645	38	606
四川	16	345	16	431	25	579	41	1 209
甘肃	24	296	27	351	30	392	31	405
浙江	13	138	14	140	13	140	15	138
云南	10	105	5	61	11	151	10	170
天津	14	77	10	79	10	79	14	94
宁夏	5	71	6	74	4	49	3	43
兵团	7	29	7	45	5	44	5	92
贵州	6	24	6	45	4	25	4	23
湖南	4	13	5	16	8	26	8	29
西藏	1	12	1	24				
青海	1	8	1	13	1	13	1	13
重庆	4	7	5	5	6	10	10	26
北京	5	5	4	4	5	4	6	8
上海					4	13	5	26

64个春麦品种中，推广面积最大的前5个品种包括宁春4号、龙麦35、宁春16号、高原437、新春37，累计推广693万亩，约占全国小麦总面积的2.6%，具体见表4-7。内蒙古、新疆、甘肃、黑龙江品种推广应用数量均在10个以上，其中内蒙古最多，达29个，具体见表4-8。由此可见，黄淮冬麦区特别是河南和山东两省育成和推广品种对我国的粮食安全的重要性进一步提高，其次为安徽、江苏和河北。

表4-7　2011—2020年推广面积前5位春麦品种面积变化情况

品种	2020年	2019年	2018年	2017年	2016年	2015年	2014年	2013年	2012年	2011年
宁春4号	335	352	327	313	365	374	386	444	485	189
龙麦35	134	113	147	127	114	45	30			
宁春16号	99	37	66	68	34	21	22	50	25	26

（续表4-7）

品种	2020年	2019年	2018年	2017年	2016年	2015年	2014年	2013年	2012年	2011年
高原437	65	29	32	36	45	35	27	29	25	22
新春37	60	6	28	34						

表4-8　2017—2020年春麦区各省（区、市）品种推广数量和面积汇总情况

省 （区、市）	2020年		2019年		2018年		2017年	
	品种数 （个）	面积 （万亩）	品种数 （个）	面积 （万亩）	品种数 （个）	面积 （万亩）	品种数 （个）	面积 （万亩）
内蒙古	29	700	29	745	19	561	22	534
新疆	17	324	3	26	12	307	15	359
兵团	10	75	4	48	9	52	11	81
青海	6	219	6	79	6	90	16	93
甘肃	13	187	12	186	14	190	16	173
宁夏	5	49	4	80	3	94	5	103
河北	8	53	8	79	6	64		
黑龙江	13	42	8	31	14	211	10	196
天津	5	11	4	14	2	5		

三、2020年我国小麦品种推广应用特点

（一）主导品种依旧突出，品种布局进一步优化

品种布局更趋合理，国审品种占主导地位，更新换代速度加快。2020年冬麦推广面积前10位品种累计推广8 412万亩，较2019年减少7.7%，约占冬麦总面积的29.59%，除百农4199和烟农19外，均为国审品种；前5位累计推广5 550万亩，约占冬麦总面积的19.52%，较2019年减少545万亩；品种间位次变化显著，其中面积1 000万亩以上品种2个，分别为百农207和济麦22，百农207面积较2019年减少517万亩；百农4199从2019年的第5位上升到当前第3位，面积增加了241万亩；山农29、郑麦379、新麦26、烟农19和烟农999的面积均较2019年有所增加，位次保持不变或略有上升；中麦895从2019年的第3位下降到当前第9位，面积减少了263万亩；鲁原502、西农979和郑麦9023面积进一步减少，已经退出前10位，具体参见表4-5。

春麦推广面积前10位品种累计推广943万亩，约占春麦总面积的56.7%；前5位品种累计

推广693万亩，约占春麦总面积的41.7%，较2019年增加36万亩，品种间位次有所变化，宁春4号面积基本保持，与龙麦35和宁春16分居前3位，具体参见表4-7。

由此可见，冬春麦主导品种地位仍然突出。高产、优质和抗病等不同类型品种得到一定的合理布局，中麦895、烟农19、西农979（位居第12）在自然条件下的赤霉病病穗率较轻，在河南中南部、安徽北部赤霉病常发区生产上得到了快速应用；宁麦13（416万亩，位居第16）、镇麦12（259万亩，位列第24）等中抗赤霉病品种在长江中下游麦区得到较好利用；宁春4号稳产、优质，已连续30余年在西北春麦区推广面积居第1位，这在一定程度上保障了全国粮食生产的安全。

（二）优质品种发展迅速，整体品质进一步提升。

冬麦排名前10位品种中，中强筋品种新麦26和烟农19累计推广1 153万亩；西农979、新品种济麦44、西农511，分列第12、第13和15位，累计推广1 299万亩；上述5个优质品种合计推广2 452万亩，占冬麦总面积的8.63%。春麦推广面积前5位品种中，中强筋品种包括宁春4号和龙麦35，累计推广469万亩，占春麦总面积的28.22%（表4-7），两者分别在西北春麦区和东北春麦区居主导地位，相比冬麦区占比面积更大。

黄淮冬麦区南片新麦26、西农511、丰德存麦5号、中麦578，黄淮冬麦区北片济麦44、济南17、师栾02-1、藁优2018、中麦578，西北春麦区宁春4号和东北春麦区龙麦35、龙麦36等优质强筋中强筋品种围绕订单生产发挥作用，分别累计推广1 456和731万亩，较2019年增加285万亩，占小麦总面积的7.27%；包括西农511、济麦44和中麦578等在内的新审定优质强筋中强筋品种，已开始在订单生产中发挥作用，优质麦产业化程度正在进一步提升。紧密围绕推进农业供给侧结构性改革主线，由金沙河、益海嘉里、大成良友、克明面业等知名面业企业牵头，在河北邢台、山东德州、河南新乡和焦作、安徽蒙城等地建设种植示范和订单生产基地。贵州茅台、安徽古井贡等酒厂在河南周口、安徽阜阳等地围绕泛麦8号、荃麦725等品种进行白酒酿造小麦订单生产。引导农户规模化生产优质专用品种，通过加价收购，提高收益，上述优质品种的价格较普通品种一般高10%左右。据统计，2020年仅中麦578就实现订单生产27.5万t，加价收购部分即可给种植户增加收益5 500余万元。优质优价开始得到落实，优质粮的规模效益开始体现；从而使优质麦产业链品种—优质麦生产—粮贸—加工相衔接，促使优质与高产的协调发展，节本与提质增效双提高。

（三）绿色品种优势凸显，抗灾能力进一步提高。

百农207由于在生产中表现耐穗发芽、抗干热风、稳产性突出，继续保持全国第一大品种地位，烟农19和西农511、镇麦12等品种在黄淮和长江中下游麦区、川麦104在长江上游麦区的生产上持续得到应用，赤霉病和条锈病抗性得到体现，面积呈进一步上升趋势；衡4399 和中麦175等节水品种累计推广373万亩，在生产上得到了利用和布局引导；为粮食安全生产提供了进一步保障，具体参见表4-5。

（四）企业品种占比增大 科企合作进一步增强。

在冬麦推广品种中，科研单位、种业企业和科企合作育成品种数及其推广面积占比分别为62.59%、26.98%、10.43%和70.25%、20.00%、9.75%；与2019年相比，科研单位育成品种数及其推广面积占比分别下降5.40%和1.39%，种业企业育成品种数和推广面积占比分别增加3.85%和0.46%，科企合作育成品种数及其推广面积占比则分别增加了1.55%和0.93%，具体见图4-1和图4-2。

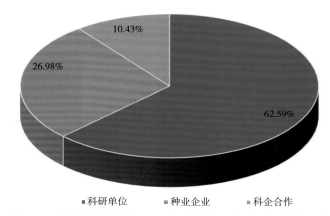

图4-1 冬麦区科研单位、企业和科企合作育成品种数占比

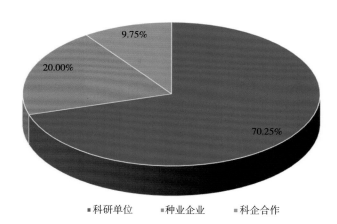

图4-2 冬麦区科研单位、企业和科企合作育成品种推广面积占比

在春麦推广品种中，科研单位、种业企业和科企合作育成品种数和推广面积占比分别为76.56%、12.50%、10.94%和86.58%、6.74%、6.68%。与2019年相比，科研单位育成品种数占比减少了11.55%，但推广面积增加21.69%；种业企业育成品种数占比增加2.58%，但推广

面积下降26.77%；科企合作育成品种数及其推广面积占比分别增加8.56%和5.08%，具体见图4-3和图4-4。

由此可见，小麦品种选育和生产推广应用的小麦品种依然还是以科研单位为主，这在春麦区尤为明显；冬麦区和春麦区科企合作育成品种数及其推广面积进一步增加，科研单位和种业企业间合作关系进一步加强。

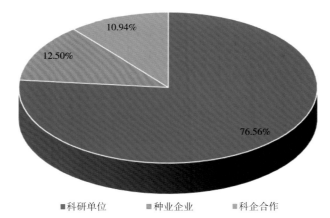

图4-3 春麦区科研单位、企业和科企合作育成品种数占比

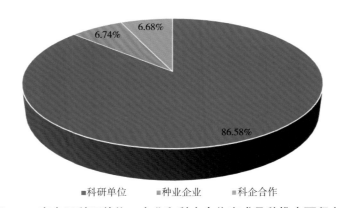

图4-4 春麦区科研单位、企业和科企合作育成品种推广面积占比

具体来说，在冬麦推广品种中，科研单位育成100万亩以上品种共46个，累计推广14 059万亩，较2019年减少2.8%，占全国冬麦面积的49.46%；其中500万亩以上品种7个，以济麦22为主（表4-9）。种业企业育成100万亩以上品种7个，累计推广2 807万亩，占全国冬麦面积的9.87%；其中百农207推广1 600万亩，具体见表4-10。科企合作育成100万亩以上品种5个，累计推广1 769万亩，占全国冬麦面积的6.22%；其中山农28号推广762万亩，具体见表4-11。春麦推广品种中，50万亩以上品种共8个，其中7个为科研单位育成，1个为引进品种，累计推广855万亩，占全国春麦面积的51.44%，具体见表4-12。

表4-9　2016—2020年科研单位育成推广面积100万亩以上的冬麦品种推广情况　（单位：万亩）

品种	麦区	2020年	2019年	2018年	2017年	2016年
济麦22	黄淮北片、黄淮南片	1 532	1 663	1 405	1 688	1 663
百农4199	黄淮南片	930	689	294	—	689
山农29号	黄淮北片	726	683	623	383	683
郑麦379	黄淮南片	653	590	639	485	590
烟农19	黄淮南片、黄淮北片	568	546	587	638	546
中麦895	黄淮南片	554	817	1 062	675	817
烟农999	黄淮南片、黄淮北片	502	466	321	108	99
合计	7个品种	5 465	7 240	8 580	7 561	7 240
100万亩以上合计	39个品种	14 059	7 223	6 287	6 498	6 823

表4-10　2016—2020年企业育成推广面积100万亩以上的冬麦品种推广情况　（单位：万亩）

品种	麦区	2020年	2019年	2018年	2017年	2016年
百农207	黄淮南片	1 600	2 117	1 990	1 590	676
丰德存麦5号	黄淮南片	302	240	211	159	—
平安11	黄淮南片	257	40	—	10	—
石农086	黄淮北片	197	118	179	109	105
泛麦8号	黄淮南片	169	126	61	26	29
扬麦23	长江中下游	163	159	183	153	109
华成3366	黄淮南片	119	175	211	182	178
合计	7个品种	2 807	3 051	2 939	2 247	1 096

表4-11　2016—2020年科企合作育成推广面积100万亩以上的冬麦品种推广情况　（单位：万亩）

品种	麦区	2020年	2019年	2018年	2017年	2016年
山农28号	黄淮北片	762	809	859	618	467
新麦26	黄淮南片	585	534	420	274	93
济麦23	黄淮北片	172	147	36	12	—
山农25	黄淮北片	140	106	47	15	—
师栾02-1	黄淮北片	110	99	63	40	29
合计	5个品种	1 769	1 695	1 425	959	589

表4-12　2016—2020年科研单位育成推广面积50万亩以上的春麦品种推广情况　（单位：万亩）

品种	麦区	2020年	2019年	2018年	2017年	2016年
宁春4号	西北春麦区	335	352	327	313	365
龙麦35	东北春麦区	134	113	147	127	114
宁春16号	西北春麦区	99	37	66	68	34
高原437	西北春麦区	65	29	32	36	45
新春37	东北春麦区	60	6	28	34	—
阿勃	东北春麦区	58	16	22	20	23
宁春15号	西北春麦区	53	57	45	48	32
新春26	东北春麦区	51	15	53	25	—
合计	8个品种	855	625	720	670	612

（五）品种供给结构优化　有效支撑供给侧改革

新审品种发展强劲：冬麦区新审定品种类型丰富，优质专用、抗病抗逆品种开始发挥作用。推广面积前10位冬麦品种中，2016年之后审定品种5个，包括4个国审品种山农28、山农29、郑麦379、烟农999和1个省审品种百农4199，总推广面积3 573万亩，较2019年增加802万亩，约占冬麦总面积的12.6%。推广面积20万亩以上春麦品种均为2013年之前审定；2016年之后审定品种包括克春10号、新春48、津强10号、巴麦13等9个品种累计推广71万亩，在生产上得到应用。品种包括高产、优质强筋、抗耐赤霉病、早熟等类型，品种多样化满足了市场的不同需求。种子法的修订体现了稳定产量指标、重视品种安全性、引导提高品质和抗性、特殊用途品种特殊处理等原则，对优质强筋和弱筋、抗赤霉病、节水等优质绿色品种适当降低产量指标，促进优质绿色品种脱颖而出，进一步满足了新形势下市场对小麦品种多样化的需求。

后续品种储备充足：为满足育种家对育成新品系的参试需求，国家和各小麦主产省根据有关规定拓宽了参试渠道，国家统一试验、小麦良种联合攻关和联合体试验进一步增加了试验品种容量。2020年国家级区试和生产试验中优质强筋和弱筋、抗赤霉病类型品种逐渐增多，在154个通过国家初审品种中，高产稳产、优质绿色和特殊类型品种数分别为123个、29个和2个，类型多样；河南和山东等省单独设立了优质强筋和抗赤霉病等组别，使中麦578等优质绿色品种得以脱颖而出，在生产中发挥了重要作用。

（六）良种良法配套推广，品种潜能进一步发挥

充分发挥品种潜力和区域资源优势，围绕新品种制定了栽培技术规程或地方标准，重点集成示范推广秸秆还田下的良种良法配套绿色增产增效技术模式。主推技术包括种子包衣和药剂拌种，测土配方施肥，根据播期、整地质量科学调整播量，整地、施肥、播种、镇压复式播种和病虫草害综合防治及防灾减灾等技术。通过良种良法配套发挥品种潜力，克服品种缺陷，可以提高生产安全和种植效益。生产中规程的制定和技术模式的推广应用不仅考虑了小麦品种本身，同时将小麦和玉米等作物统一纳入周年生产栽培技术体系，有利于提高周年作物的产量水平。

（七）管理体系日趋完善，确保生产用种安全

围绕新品种，在主产区多个省份分别安排国家级和省级核心品种展示和示范，加强品种检测测试与展示示范、良种繁育等能力建设，促进育繁推一体化发展，开展制种大县和区域性良种繁育基地认定工作，加快基地建设。种子量足质优，种子繁育、种子检测、市场监管、质量控制体系逐步完善，基地标准化、规模化建设日趋合理，确保了生产用种的安全。

第五章 当前各小麦生态区推广的主要品种类型及表现

一、北部冬麦水地品种类型区

（一）本区概述

该区包括河北省境内长城以南至保定、沧州市中北部地区，北京市、天津市，山西省太原市全部和晋中、吕梁、长治、阳泉的部分地区。近年来小麦面积700万亩左右，其中河北520万亩、北京和山西共50万亩、天津120万亩。该地区内河北平均亩产350 kg、北京400 kg、山西360 kg、天津400 kg左右。本区冬季寒冷干燥，要求品种冬性强，抗寒和耐旱性能较好，亩成穗数多，早春返青快，起身拔节晚而后期发育较快，抗条锈、叶锈和白粉病，部分地区要求抗秆锈、叶枯和黄矮病，对品种的抗穗发芽能力有一定要求。因此，抗寒、耐旱、灌浆速率快、耐穗发芽品种的选育和推广是本区的主要目标。

（二）小麦品种审定情况

2020年通过国家审定品种1个，为高产稳产类型，来自科研单位。省级审定品种15个，包括优质品种2个；冀中北12个，包括高产稳产类型10个、中强筋类型2个；山西2个，均为高产稳产类型；北京1个，为高产稳产类型。本区没有良种联合攻关和联合体试验。

（三）小麦品种推广利用情况

2020年度本区共推广利用21个品种，包括优质中强筋品种2个，累计推广177万亩；其他均为高产稳产类型（表5-1）；合计推广601万亩，占全国冬麦总面积的2.1%，较2019年减少90万亩左右，其中，河北近500万亩、北京和山西共25万亩左右、天津77万亩，分别比2019年减少20万、25万、25万亩；区内小麦平均亩产河北省388 kg、北京市367 kg、山西省385 kg、天津市411 kg、总产较2019年增加约14万t。其中，16个来自科研单位，5个来自企业，推广面积分别占本区总面积的92.7%和7.3%（表5-2）。

推广面积100万亩以上品种2个，包括优质中强筋品种中麦1062和高产稳产品种中麦175，累计推广302万亩，占本区总面积的50.2%；50万亩以上品种1个，为轮选266，占本生态区总面积的11.6%；济麦22和河农6425推广面积分别占本区总面积的6.5%和7.5%。上述5个品种累计推广456万亩，占本生态区总面积的75.7%，其中优质中强筋类型约占本生态区总面积的29.1%。

（四）主导品种推广利用及其变化情况整体评价

主要表现以下3个方面特点：（1）中麦1062等优质品种得到快速应用，面积占比快速增加；（2）2016年后育成中麦1062、轮选266等品种正在得到快速应用，市场占比增加较快；（3）济麦22、良星66等部分山东育成抗寒性好的品种开始得到推广应用。

（五）小麦主导及苗头品种简介

本区推广面积前5位的品种包括中麦1062、中麦175、轮选266、济麦22和河农6425，其中济麦22具体表现见黄淮北片总结，其余4个品种表现见表5-3。2016年后新审定苗头品种包括河农6426和轮选169，推广面积分别为14万和20万亩。

二、北部冬麦旱地品种类型区

（一）本区概述

本区包括山西省阳泉、晋中、长治、吕梁、临汾和晋城的部分地区，陕西省延安市全部和榆林市的南部地区，甘肃省庆阳市和平凉市全部、定西部分地区，宁夏固原市部分地区。近年小麦面积300万亩左右，区内产量水平较低。小麦生育期间降水量120～140 mm，干旱、低温冻害、干热风是该区小麦生长的主要逆境环境，主要发生病害包括白粉、条锈、叶锈和黄矮病。该区推广品种收获期较迟，遇降雨概率较大，对穗发芽抗性或成熟期种子休眠性有一定要求。因此，抗寒抗旱、耐瘠薄盐碱、灌浆速率快、耐穗发芽品种的选育和推广是本区的主要目标。

（二）小麦品种审定情况

2020年国家审定品种1个，为高产稳产类型，来自科研单位。省级审定品种5个，包括山西1个，来自科研单位；甘肃3个，其中2个来自科研单位、1个来自企业；宁夏1个，来自科研单位；均为高产稳产类型。本区没有良种联合攻关和联合体试验。

（三）小麦品种推广利用情况

2020年度本区气候对生产的影响及主要病虫害发生情况和发展趋势：播种前，多数地区降水较多，土壤墒情好，适期播种，出苗整齐，苗匀苗壮。冬季气温较高，冻害轻。返青后多数地区3—4月干旱严重，气温偏高，黄矮病有所发生。孕穗至灌浆期有不同程度降水，旱情得到缓解，有利于灌浆。后期部分区域降水较多，且光照不足，多数推广品种高抗条锈病，白粉和叶锈病轻度发生，使粒重有所降低。总体来说，亩穗数高于常年，穗粒数和千粒重略减，产量水平略高于常年。

主导品种利用情况：2020年度本区域共推广利用14个品种，包括优质弱筋品种1个，推广10万亩；其他均为高产稳产类型，合计推广254万亩，较2019年减少约40万亩，占全国冬麦总面积的0.9%（表5-1）。其中，13个来自科研单位，1个来自企业，分别占本区总面积的92.1%、7.9%（表5-2）。

推广面积50万亩以上品种1个，为陇育5号，占本区总面积的23.2%；30万亩以上品种1个，为兰天26，占本区总面积的12.2%；兰天32、兰天19和榆8号推广面积均在20万亩以上。上述5个品种累计推广151万亩，占本区总面积的59.4%。

（四）推广利用小麦品种整体评价

主要表现以下2个特点：以抗旱品种为主，辅以节水品种，缺少优质强筋中强筋、抗穗发芽品种；条锈病抗性继续保持和加强。

（五）小麦主导及苗头品种简介

本区推广面积前4位的品种包括陇育5号、兰天26、兰天32和兰天19，具体表现见表5-4。

三、黄淮冬麦北片水地品种类型区

（一）本区概述

该区包括山东省全部、河北省保定市和沧州市的南部及其以南地区、山西省运城和临汾市的盆地灌区。近年来，小麦面积保持在8 300万亩左右，其中山东、冀中南和晋中南分别约5 700万亩、2 250万亩和350万亩，平均亩产分别为500 kg、450 kg和400 kg左右。该区为两熟种植区，光热资源一熟有余，两熟紧张，小麦生长后期温度上升快，灌浆期有限；除胶东和鲁西南地区降水量稍大外，多数地区小麦生育期间降水150～250 mm，春旱严重，拔节和抽穗期降水普遍不足；白粉病是常发病害，叶锈病偶有发生，纹枯病、赤霉病和根茎基腐病有成为主要病害的趋势，且根、茎基腐病缺乏有效抗原。极端低温可达-20℃以上，存在发生冻害的风险，且属严重缺水地区，生育后期气温上升快，空气温度小，干热风频繁发生，影响灌浆，严重年份可致千粒重减少3～5 g，减产可达10%。因此，抗寒抗病、耐热节水早熟品种的选育和推广是本区的主要目标，需要及早防范赤霉病和根、茎基腐病等的为害。山东北部和冀中南地区适于发展优质强筋小麦。

（二）小麦品种审定情况

2020年度国家审定品种16个，分别来自科研单位（4个）、企业（8个）和科企合作（4个），全部为高产稳产类型。省级审定品种59个，包括优质和特殊类型品种各3个；其中河北16个，全部来自企业，为高产稳产类型；山东37个，分别来自科研单位（13个）和企业（24个），31个为高产稳产类型，3个优质中强筋品种，3个特殊类型品种（彩色或糯性）；山西6个，其中4个来自科研单位、2个来自企业，全部为高产稳产类型。

（三）小麦品种推广利用情况

2020年度本区气候对生产的影响及主要病虫害发生情况和发展趋势：大部分地区适期适墒播种，出苗正常，苗齐苗匀。冬前温度适宜，有利于小麦正常生长，群体充足。越冬期有效降水，墒情适宜，气温变化幅度不大，冻害普遍轻。春季气温总体偏高，伴随有效降水，植株高于常年，拔节抽穗期较常年提早7 d左右。孕穗至扬花期有明显降温过程，受低温影响，生产中出现不同程度缺粒和顶部不育现象，以早熟品种较为严重，扬花期较长。灌浆期光照充足，但整体偏干旱，灌浆时间缩短，对粒重有影响。总体来看，本年度小麦生育期间冬春两季降水较多，温度适宜，有利增加亩穗数，白粉病发生较早；抽穗后温度持续偏高且少雨，白粉病没有进一步发展；茎基腐病普遍发生，赤霉病部分发生，但病穗率不高，没有造成明显危害；穗粒数受倒春寒影响明显，灌浆期光照充足，但气温偏高，降水偏少，千粒重略有降低；两极分化快，茎秆质量较好，倒伏较轻。需要注意的是，近年小麦-玉米轮作面积的扩大以及秸秆还田、旋耕等耕作方式的长期应用，赤霉病和根、茎基腐病等有持续加重发生趋势，应予以关注。

主导品种利用情况：2020年度本区域共推广利用87个品种，包括优质强筋品种11个，累计推广1 028万亩，占本区总面积的12.5%；绿色品种2个，推广68万亩，占本区总面积的0.8%；其他均为高产稳产类型，累计推广7 093万亩，占本区总面积的86.7%；合计8 189万亩，较2019年减少约100万亩，占全国冬麦总面积的28.8%（表5-1）。其中，53个来自科研单位，累计推广5 995万亩，占本区总面积的73.2%；21个来自企业，累计推广872万亩，占本区总面积的10.6%；13个来自科企合作，累计推广1 322万亩，占本区总面积的16.2%（表5-2）。

推广面积1 000万亩以上品种1个，为济麦22，区内推广1 421万亩，占本区总面积的

17.0%；500万亩以上品种共2个，分别为山农28、山农29，累计推广1 488万亩，占本区总面积的17.8%；100万亩以上品种14个，分别为济麦44、鲁原502、烟农1212、烟农999、邯麦19、石农086、衡4399、济麦23、衡S29、泰科麦33、石麦22、山农38、中麦155、师栾02-1，累计推广3 172万亩，占本区总面积的37.9%。上述17个品种累计推广6 080万亩，较2019年增加273万亩，占本区总面积的72.7%。主导品种稳定，济麦22已连续14年推广面积超过1 000万亩，在本区位居第1位。与2019年度相比，济麦22、山农28、山农29等本区主导品种推广面积基本保持不变，济麦44、邯麦19、临麦9号、石麦22、山农38等品种的应用面积呈快速增加趋势，而鲁原502和山农20应用面积快速减少，下降幅度最大。

优质等不同类型品种利用情况：优质强筋品种济麦44、泰科麦33、师栾02-1的推广面积超过100万亩，累计704万亩；中强筋品种济南17号、藁优2018的推广面积超过50万亩，累计178万亩；合计882万亩，占本区总面积的10.8%。河北省目前审定和生产利用的品种以节水类型为主体，2020年推介了36个抗旱节水品种，累计推广138万亩，占本区总面积的1.7%，平均亩节水40～50 m³，可实现地下水至少压采0.55亿m³，对地下水超采区治理有重要作用。山东和山西推广了山农糯麦1号和冬黑1号等黑糯特色新品种，开发了优质糯麦仁和石磨糯麦面粉，发展势头良好。山农17、泰农18等中抗赤霉病品种累计推广68万亩。

（四）推广利用小麦品种整体评价

主要表现以下2个方面：（1）品种抗倒伏性、抗寒性和抗病能力整体有所提高，产量水平保持稳定；（2）受品种自身特性限制和收购价格影响，生产上应用的优质和节水品种虽仍然数量少、面积小，但优质品种数量和面积稳步增加，节水品种得到区域性较快发展。

（五）小麦主导及苗头品种简介

包括苗头品种在内的本区推广面积100万亩以上的17个品种：济麦22、山农28、山农29、济麦44、鲁原502、烟农1212、烟农999、邯麦19、石农086、衡4399、济麦23、衡S29、泰科麦33、石麦22、山农38、中麦155、师栾02-1，具体表现见表5-5。

四、黄淮冬麦南片水地品种类型区

（一）本区概述

本区包括河南省除信阳市和南阳市南部部分地区以外的平原灌区，陕西省西安、渭南、咸阳、铜川和宝鸡市灌区，江苏和安徽两省淮河以北地区。作为第一大麦区，近年的小麦面积约1.38亿亩，占全国小麦总面积的38.3%。该区处于南方麦区和北方冬麦区的过渡地区，为半干旱半湿润气候、强筋中筋麦适宜区，小麦生育期内降水量230～500 mm，日照和温度条件较好。受大陆性季风气候影响，并随着全球气候变化，小麦生育期内冬春干旱加剧，倒春寒冻害、灌浆中后期暴雨、倒伏、雨后高温逼熟、干热风、收获期穗发芽等灾害频发。小麦玉米轮作及秸秆还田、旋耕面积扩大、播量大等因素导致赤霉病、根和茎基腐病、纹枯病、黄花叶病毒病、叶锈病、白粉病等病害持续加重发生。因此，冬春抗寒性较好，前期节水耐旱，后期抗倒伏性好、根系活力强、耐热、灌浆速率快，抗赤霉病、叶锈病、白粉病、纹枯病、根和茎基腐病，抗穗发芽品种的选育和推广是本区的主要目标。河南省沿黄两侧及黄河以北、西部山前平原和陕西关中平原灌区适于发展优质强筋中强筋小麦。

（二）小麦品种审定情况

2020年国家审定品种66个，包括高产稳产类型50个、优质强筋中强筋类型12个、弱春性中早熟类型4个；其中，27个来自科研单位、29个来自企业、10个来自科企合作。省级审定品种150个，包括优质强筋中强筋品种26个，早熟品种34个；安徽57个，其中19个来自科研单位（包括联合体2个）、31个来自企业（包括联合体9个）、7个来自科企合作（包括联合体1个），其中优质强筋中强筋类型16个、早熟类型34个，其余均为高产稳产类型；江苏18个，8个来自科研单位（包括联合体2个）、7个来自企业（包括联合体1个）、3个来自科企合作（包括联合体2个），其中优质中强筋类型2个，其他均为高产稳产类型；河南56个，18个来自科研单位、30个来自企业、8个来自科企合作，其中优质强筋中强筋类型4个，其他均为高产稳产类型；陕西19个，13个来自科研单位、5个来自企业、1个来自科企合作，其中优质强筋中强筋品种4个，其他均为高产稳产类型。

（三）小麦品种推广利用情况

2020年本区气候对生产的影响及主要病虫害发生情况和发展趋势：除陕西关中播期偏晚外，整体播期正常，墒情好，出苗较好。越冬期气温偏高，冬前分蘖多，冬季冻害轻。返青拔节至抽穗期河南北部和陕西关中偏旱，其他地区降水较多，墒情好，温度偏高，春季分蘖较多，与常年相比，抽穗期提前7 d，植株偏高8 cm左右。2月16—18日降温至-4～-8℃，部分地区品种主茎和大分蘖冻死，亩穗数减少；4月9—13日发生倒春寒，穗顶部虚尖、缺粒现象普遍发生。抽穗扬花期普降中雨，灌浆期气温适宜，光照充足，土壤墒情好，有利于灌浆。5月下旬持续高温天气，造成成熟期提前3～5 d，对耐热性较好的品种有利；千粒重与常年持平，但低于2019年，生产上无灌溉条件的地块成熟期提前较多，影响灌浆，粒重偏低，减产较多。成熟期天气多晴朗，籽粒色泽正常，无穗发芽现象。总体来看，本年度小麦生育期间冬季冻害轻，春季冻害中等，倒伏轻，条锈病局部地区中等偏重发生，叶锈病和白粉病中度发生，其他病害轻。亩穗数高于常年，穗粒数略少，产量与常年持平，但低于2019年。

主导品种利用情况：2020年本区推广利用品种165个，包括优质强筋品种22个，累计推广3 513万亩，占本区总面积的26.9%；绿色品种7个，推广134万亩，占本区总面积的0.8%；其他均为高产稳产类型，累计推广9 452万亩，占本区总面积的72.3%；合计推广13 071万亩，较2019年减少530万亩，占全国冬麦总面积的46.0%（表5-1）。其中，83个来自科研单位，累计推广8 149万亩，占本区总面积的62.3%；67个来自企业，累计推广3 978万亩，占本区总面积的30.5%；15个来自科企合作，累计推广944万亩，占本区总面积的7.2%（表5-2）。

推广面积1 000万亩以上品种1个，为百农207，占本区小麦总面积的12.2%；500万亩以上品种5个，分别为百农4199、郑麦379、新麦26、中麦895、烟农19，累计推广3 257万亩，占本区小麦总面积的24.9%；100万亩以上品种20个，分别是西农979、西农511、郑麦7698、周麦36、丰德存麦5号、平安11号、淮麦33、烟农999、郑麦101、小偃22、泛麦8号、安科1303、中麦578、百农AK58、郑麦583、徐麦35、华成3366、郑麦9023、淮麦44、西农585，累计推广4 297万亩，占本区总面积的32.9%。上述26个品种累计推广9 154万亩，较2019年减少572万亩，占本区总面积的70.0%。

优质等不同类型品种利用情况：主导品种以普通高产类型为主，优质强筋中强筋、抗赤霉病和抗穗发芽类型品种偏少。100万亩以上优质强筋和中强筋品种10个，包括新麦26、烟农19、西农979、西农511、周麦36、丰德存麦5号、郑麦101、安科1303、中麦578、郑麦9023等，累计推广3 205万亩，较2019年增加578万亩，占本区小麦总面积的24.5%。中抗—中感赤霉病品种面积普遍较小，推广面积最大的4个品种为20万～30万亩，包括烟宏2000、山农17、淮麦920和徐农029，累计推广105万亩，占本区总面积的0.8%。百农207、中麦578等品种在生产上表现一定的穗发芽抗性。

（四）推广利用小麦品种整体评价

主要表现以下3个方面特点：（1）整体气候有利，高产品种的产量潜力得到充分体现；（2）优质强筋和中强筋品种的数量和种植面积增加；（3）条锈病、叶锈病、白粉病、纹枯病抗性水平变化不大，局部区域茎基腐病偏重发生，赤霉病抗性和穗发芽抗性没有得到表现。

（五）小麦主导及苗头品种简介

包括苗头品种在内的本区推广面积前20位的品种百农207、百农4199、郑麦379、新麦26、中麦895、烟农19、西农979、郑麦7698、西农511、周麦36、丰德存麦5号、平安11号、淮麦33、烟农999、郑麦101、小偃22、泛麦8号、安科1303、中麦578、百农AK58，具体表现见表5-6。

五、黄淮冬麦旱地品种类型区

（一）本区概述

本区包括山东省旱地，河北省保定市和沧州市的南部及其以南地区旱地，河南省除信阳市全部和南阳市南部部分地区以外的旱地，陕西省西安、渭南、咸阳、铜川和宝鸡市旱地，山西省运城市全部、临汾市和晋城市部分旱地，甘肃省天水市丘陵山地，近年小麦种植面积约900万亩。小麦生育期间有效降水120～160 mm，冬春干旱严重，春旱概率达70%左右。主要发生病害包括条锈、叶锈、白粉和黄矮病，对品种抗旱性、冬春抗寒性、生育后期抗干热风能力有一定要求。因此，冬春抗寒性较好，耐旱耐热，抗条锈病、白粉病和黄矮病品种的选育和推广是本区的主要目标。

（二）小麦品种审定情况

2020年国家审定品种5个，包括中强筋类型1个、高产抗旱类型4个，其中，2个来自科研单位、2个来自企业、1个来自科企合作。省级审定品种15个，分别来自甘肃（2个来自科研单位，1个来自企业）、山西（3个均来自科研单位）、河北（2个均来自科研单位）、山东（2个来自科研单位，4个来自企业）、河南（1个来自科企合作），均为高产抗旱节水类型。本区无良种联合攻关和联合体试验。

（三）小麦品种推广利用情况

2020年本区域气候对生产的影响及主要病虫害发生情况和发展趋势：大部分地区播种前后降水多，播期有所推迟。越冬期有效降水很少，但气温整体偏高，生产上未发生冻害。春季气温持续偏高，光照充足，返青拔节期与抽穗期均早于常年，4月下旬发生春霜冻，影响小麦抽穗和小穗结实性。灌浆期有效降水增多，使旱情得到有效缓解。虫害发生较早，条锈病、叶锈病较常年偏重发生。总体来看，2020年度穗数增多，穗粒数减少，千粒重较高，产量水平略高于常年。

主导品种利用情况：本区推广品种主要为高产抗旱类型，辅以节水品种；缺少优质、抗穗发芽、抗赤霉病品种，又分为旱肥和旱薄2种类型，其中旱肥地品种以临麦9号、山农25、洛旱22、衡6632、中麦175为代表，旱薄地品种以临丰3号、铜麦6号、长6359、晋麦47为代表，水肥利用效率均较高。2020年度本区域共推广利用37个品种，包括优质强筋品种1个，推广面积11万亩，占本区总面积的1.0%；其他均为高产稳产类型，累计推广1 125万亩，占本区总面积的99.0%；合计1 136万亩，较2019年增加253万亩，占全国冬麦总面积的4.0%（表5-1）。其中，35个来自科研单位，累计推广964万亩，占本区总面积的74.0%；4个来自企业，累计推广76万亩，占本区总面积的6.7%；3个来自科企合作，累计推广219万亩，占本区总面积的19.3%（表5-2）。

推广面积100万亩以上品种2个，为旱肥地代表品种临麦9号和山农25，区域内推广311万亩，占本区总面积的27.4%；40万亩以上品种共8个，分别为旱肥地品种洛旱22、衡6632、中麦175、垦星5号和旱薄地代表品种临丰3号、铜麦6号、长6359、晋麦47，累计推广415万亩，占本区总面积的36.5%。上述10个品种合计推广726万亩，占本区总面积的63.9%。

（四）推广利用小麦品种整体评价

主要表现为保持抗病性的同时，抗逆性显著提高。

（五）小麦主导及苗头品种简介

包括苗头品种在内的本区推广面积前6位品种：临麦9号、山农25、洛旱22、衡6632、临丰3号、铜麦6号，推广面积均在50万亩以上，具体表现见表5-7。

六、长江上游冬麦品种类型区

（一）本区概述

本区包括贵州省、重庆市全部，四川省除阿坝、甘孜州南部部分县以外的地区，云南省泸西、新平至保山以北和迪庆、怒江州以东地区，陕西南部地区，湖北十堰、襄阳地区，甘肃陇南地区，近年来总面积700万亩左右，亩产介于200～350 kg。小麦是本区各省冬季不可替代的粮食作物和本区贫困地区实现粮食自足的重要基础，区内地形地势复杂，平坝少，丘陵多；盆地多为面积碎小而零散分布的河谷平原和山间盆地，丘陵旱坡地多，海拔差异大。小气候带众多，影响小麦分布、生产及品种使用，成熟期易受连续降雨影响，造成穗发芽，倒伏风险较大。条锈病、白粉病为主要病害，近年赤霉病、纹枯病有加重趋势。本区对抗倒伏性和抗穗发芽能力及与水稻机直播播种相关的早熟性有要求。因此，抗倒伏性好、抗穗发芽、早熟、抗条锈病和赤霉病品种的选育和推广是本区的主要目标。

（二）小麦品种审定情况

2020年没有国家审定品种。省级审定品种32个，其中四川23个、重庆3个、甘肃6个。

（三）小麦品种推广利用情况

2020年本区气候对生产的影响及主要病虫害发生情况和发展趋势：播种前后降雨适中，土壤墒情好，出苗整齐，穗数高于常年；分蘖拔节期生长正常，植株健壮；抽穗开花期总体正常，白粉病普发，条锈病、赤霉病局部重发；灌浆期气温偏高，成熟期较常年普遍提前，天气晴好，有利于收获，种子饱满，晚熟品种受后期高温影响，存在逼熟现象，千粒重降低。

主导品种利用情况：2020年本区推广利用品种31个，包括优质弱筋品种3个，累计推广35万亩，占本区总面积的5.5%；其他均为高产稳产类型，累计推广601万亩，占本区总面积的94.5%；合计推广636万亩，较2019年减少80万亩，占全国冬麦总面积的2.2%（表5-1）。其中，29个来自科研单位，累计推广606万亩，占本区总面积的95.3%；2个来自科企合作，累计推广30万亩，占本区总面积的4.7%（表5-2）。

推广面积50万亩以上品种2个，包括川麦104和绵麦367；40万亩以上品种2个，包括南麦618和绵麦31，累计推广228万亩，较2019年减少39万亩，占本区总面积的35.7%。

优质等不同类型品种利用情况：生产上得到利用的弱筋品种共3个，分别为昌麦29、绵麦51和毕麦16号，累计推广35万亩，占本区总面积的5.5%。

（四）推广利用小麦品种整体评价

推广品种主要表现3个方面特点：（1）主导品种面积占比进一步下降，生产上呈现品种应用数量多、面积小的局面；（2）优质弱筋品种开始得到应用；（3）中抗条锈病品种增多，白粉病和叶锈病抗性变化不大，赤霉病抗性育种初步取得成效，育成了中抗赤霉病的品种。由于本区较为复杂，气候多变，在实际生产中，四川以川麦104和绵麦367为代表的川麦和绵麦系列为主，产量高、品质优、广适；重庆以抗病高产品种为主，开始关注品质和特用类型；贵州多为地方自留种；陕西则以四川育成的抗病高产品种为主；甘肃陇南以高产抗病类型为主，抗旱、抗锈、高产稳产；湖北则以当地品种为主。

（五）小麦主导及苗头品种简介

本区推广面积前4位的品种包括川麦104、绵麦367、南麦618、绵麦31，具体表现见表5-8。

七、长江中下游冬麦品种类型区

（一）本区概述

本区包括江苏和安徽两省淮河以南、湖北省、上海市、浙江省、河南省信阳全部与南阳南部地区，近年来的总面积约3 500万亩。气候湿润，热量条件良好，年降水量高，地势较低平，以丘陵为主，土壤类型以水稻土为主，是我国主要的优质弱筋麦产区，种植制度以水稻、小麦一年两熟为主，品种多为春性或弱春性。前茬水稻成熟期和播期降水直接影响秸秆还田和耕作播种质量，经常出现渍害和高温逼熟现象，烂场雨时有发生；常发病害赤霉病，兼以条锈病、纹枯病和白粉病，近年来赤霉病和部分地区条锈病有加重发生趋势。因此，高产优质弱筋、抗穗发芽、抗赤霉和条锈病品种的选育和推广是本区的主要目标。

（二）小麦品种审定情况

2020年通过国家审定品种12个，均为高产稳产类型，其中，2个来自科研单位、6个来自企业、4个来自科企合作。省级审定品种52个，包括优质强筋中强筋品种6个，优质弱筋品种1个，抗赤霉病品种17个，早熟品种2个，特殊类型品种3个；湖北12个，6个来自科研单位、4个来自企业、2个来自科企合作，其中优质强筋和弱筋分别为3和1个，特殊类型1个，其他均为高产稳产类型；安徽20个，其中7个来自科研单位、12个来自企业（包括联合体3个）、1个来自科企合作，其中中抗赤霉病品种16个（包括联合体3个）、早熟类型2个、特殊类型2个；江苏14个，其中8个来自科研单位（包括联合体3个）、2个来自企业（联合体）、4个来自科企合作（包括联合体1个），其中优质强筋中强筋类型3个、特殊类型1个、其他均为高产稳产类型；河南5个，1个来自科研单位、4个来自企业，其中抗赤霉类型1个，其他均为高产稳产类型；浙江1个，来自科研单位，高产稳产类型。

（三）小麦品种推广利用情况

2020年本区气候对生产的影响及主要病虫害发生情况和发展趋势：大部分地区适播期内天气晴好，温度偏高，光照充足，返青早，生育期提前，有效分蘖多，多数地区返青期有低温降雪，但持续时间短，冻害发生轻，抽穗期较常年提前7～10 d。扬花期以多云天气为主，气温偏低，光照不足，花期持续时间长。条锈病和白粉病局部重发，赤霉病等轻。灌浆成熟期天气晴好，光照充足，温度适宜，有利于灌浆和收获，千粒重高于常年。总体来看，病害发生较轻，灌浆好，亩穗数和千粒重均高于常年，穗粒数略低，产量水平高于常年。

主导品种利用情况：2020年本区推广利用品种69个，包括优质强筋品种7个，累计推广621万亩，占本区总面积的18.1%；优质弱筋品种2个，累计推广206万亩，占本区总面积的6%；其他均为高产稳产类型，累计推广2 608万亩，占本区总面积的63.8%；合计推广3 435万亩，较2019年增加96万亩，占全国冬麦面积的12.1%（表5-1）。其中，39个来自科研单位，累计推广2 586万亩，占本区总面积的75.2%；20个来自企业，累计推广685万亩，占本区总面积的19.9%；10个来自科企合作，累计推广175万亩，占本区总面积的4.9%（表5-2）。

推广面积100万亩以上品种10个，包括宁麦13、郑麦9023、镇麦12、扬麦25、扬麦23、扬麦15、镇麦10号、扬麦20、扬麦13、扬辐麦4号，累计推广1 860万亩，较2019年减少130万亩，占本区总面积的54.1%。

优质等不同类型品种利用情况：强筋品种郑麦9023和扬麦23累计推广430万亩，占本区总面积的12.5%，弱筋品种扬麦20和扬麦13累计推广206万亩，占本区总面积的6%。镇麦12中抗赤霉病，且抗穗发芽，推广259万亩，占本区总面积的7.5%，在生产上得到应用。

（四）推广利用小麦品种整体评价

主要表现以下3方面特点：（1）高产品种对条锈病、叶锈病、白粉病、纹枯病和赤霉病的抗性水平保持稳定，产量水平变化不大；（2）优质强筋、中强筋和弱筋品种数量和种植面积有所增加，产量水平提高；（3）郑麦9023、宁麦13和扬麦16等长期作为本区主导品种，近几年的种性退化，产量潜力下降，种植面积逐渐减少。

（五）小麦主导及苗头品种简介

本区推广面积前10位的品种包括宁麦13、郑麦9023、镇麦12、扬麦25、扬麦23、扬麦15、镇麦10号、扬麦20、扬麦13、扬辐麦4号，均在100万亩以上，具体表现见表5-9。

八、东北春麦晚熟品种类型区

（一）本区概述

本区包括黑龙江和内蒙古东北部，主要集中在中西部的嫩江市、五大连池市、黑河市爱辉区、呼玛县、逊克县、孙吴县、克山县，依安县和拜泉县有部分种植；内蒙古呼伦贝尔市的额尔古纳市、陈巴尔虎旗、牙克石市和鄂伦春旗。近年的面积500万亩左右，平均亩产约240 kg。收获期降水量较多，穗发芽较严重，常发病害赤霉病和根腐病较重。因此，抗穗发芽、抗赤霉病和根腐病品种的选育和推广是本区的主要目标。

（二）小麦品种审定情况

2020年国家审定品种3个，均为高产稳产类型，来自科研单位。省级审定10个，均为中强筋类型，来自黑龙江科研单位（包括联合体4个）。

（三）小麦品种推广利用情况

2020年本区气候对生产的影响及主要病虫害发生情况和发展趋势：整体光温水条件较好，没有出现异常天气，对农业生产和产量影响不大。

主导品种利用情况：本区有统计面积的品种33个，包括优质强筋品种9个，累计推广238万亩，较2019年减少230万亩，占本区总面积的42%；绿色品种1个，推广6万亩，占本区总面积的1.1%；其他均为高产稳产类型，累计推广322万亩，占本区总面积的56.9%；合计566万亩，较2019年增加96万亩，占全国春麦总面积的34.1%（表5-1）。其中，26个品种来自科研单位，累计推广464万亩，占本区总面积的82%；6个来自企业，累计推广97万亩，占本区总面积的17.1%；1个来自科企合作，推广5万亩，占本区总面积的0.9%（表5-2）。

推广面积100万亩以上品种1个，龙麦36推广134万亩，占本区总面积的23.7%；推广面积20万亩以上品种9个，包括内麦21、克旱16、克春9、龙麦36、克春4、龙麦33、垦九10、克春8、津强7号，累计推广242万亩，占本区总面积的42.8%。

优质等不同类型品种利用情况：推广面积前10位品种中，有4个品种为强筋中强筋类型，包括龙麦35号、龙麦36、龙麦33和津强7号，累计推广204万亩，占本区总面积的36%，其中前3个在黑龙江和内蒙古呼伦贝尔占主导地位。

（四）推广利用小麦品种整体评价

主要表现2方面特点：（1）本区为优质强筋麦产区，生产上强筋中强筋类型品种发挥重要作用，产业化发展趋势明显；（2）企业育成品种少，多为科研单位选育，由于推广力度不足，品种更新换代整体较慢。

（五）小麦主导及苗头品种简介

本区推广面积前5位的主导品种包括龙麦35、内麦21、克旱16、克春9、龙麦36，具体表现见表5-10。

九、西北春麦品种类型区

（一）本区概述

该区包括内蒙古中西部，宁夏全部，甘肃省兰州、临夏、武威及其以西的全部和甘南州部分地区，青海省西宁市、海东地区、柴达木盆地灌区及黄南州、海南州、海北州和新疆部分地区。属温带大陆性干旱半干旱气候，热量丰富，土质肥沃，干旱少雨，昼夜温差大，是我国西北地区优质中强筋小麦商品粮基地。面积约700万亩，平均亩产340 kg左右。主要病虫害包括条锈病、叶锈病、白粉病、黄矮病、赤霉病和蚜虫，新疆腥黑穗病时有发生。干旱、土壤盐渍化及生育后期干热风为害是本区小麦生产的重要问题。因此，早熟、抗旱、耐干热风、抗病品种的选育和推广是本区的主要目标。

（二）小麦品种审定情况

2020年国家审定品种2个，均为高产稳产类型，来自科研单位。省级审定20个，均来自科研单位；其中甘肃4个、宁夏4个（包括早熟类型品种1个）、新疆12个（包括优质中强筋类型和早熟类型品种各4个），其他均为高产稳产类型。

（三）小麦品种推广利用情况

主导品种利用情况：本区有统计面积的品种32个，包括优质强筋中强筋类型品种4个，累计推广407万亩，占本区总面积的35.8%；其他均为高产稳产类型，累计推广1 066万亩，占本区总面积的93.7%；合计推广1 138万亩，较2019年增加470万亩，占全国春麦总面积的68.5%（表5-1）；其中，23个品种来自科研单位，累计推广975万亩，占本区总面积的85.7%；3个来自企业，累计推广57万亩，占本区总面积的5.0%；6个来自科企合作，占本区总面积的9.3%（表5-2）。

宁春4号推广面积最大，占本区总面积的29.4%；其次是宁春16、高原437、新春37、阿勃、宁春15和新春26，面积均在50万亩以上。上述7个品种累计推广721万亩，占本区总面积的63.4%。生产上优质中强筋品种宁春4号居主导地位，新春26号、高原437等品种的抗病、抗逆性均较好，综合性状表现较突出。

（四）推广利用小麦品种整体评价

主要表现为中强筋主导品种宁春4号产量、抗病和抗逆性均较好，宁春16、高原437和新春37等品种产量水平和抗病抗逆性均较好，品种更新换代较慢。

（五）小麦主导品种及苗头品种简介

本区推广面积50万亩以上的主导品种包括宁春4号、宁春16、高原437、新春37、宁春15和新春26，具体表现见表5-11。

表5-1 各生态区不同类型品种应用情况

生态区	优质强筋		优质弱筋		绿色	
	数量（个次）	面积（万亩）	数量（个次）	面积（万亩）	数量（个次）	面积（万亩）
北部冬水	2	177	0	0	0	0
北部冬旱	0	0	1	10	0	0
黄淮北片	11	1 028	0	0	2	68

（续表5-1）

生态区	优质强筋		优质弱筋		绿色	
	数量（个次）	面积（万亩）	数量（个次）	面积（万亩）	数量（个次）	面积（万亩）
黄淮南片	22	3 513	0	0	7	134
黄淮旱地	1	11	0	0	0	0
长江上游	0	0	3	35	0	0
长江中下游	7	621	2	206	0	0
东北春麦	9	238	0	0	1	6
西北春麦	4	407	0	0	0	0

表5-2   各生态区不同来源育成品种应用情况

生态区	科研单位		企业		科企合作	
	数量（个次）	面积（万亩）	数量（个次）	面积（万亩）	数量（个次）	面积（万亩）
北部冬水	16	558	5	43	0	0
北部冬旱	13	234	1	20	0	0
黄淮北片	53	5 955	21	872	13	1 322
黄淮南片	83	8 149	67	3 978	15	944
黄淮旱地	35	964	4	76	3	219
长江上游	29	606	0	0	2	30
长江中下游	39	2 586	20	685	10	175
东北春麦	26	464	6	97	1	5
西北春麦	23	975	3	57	6	106

表5-3 北部冬麦区水地推广面积前4位主导品种和2个苗头品种的表现

品种名称	选育单位	优缺点	推广区域种植建议及风险提示	种植面积变化情况
中麦1062	中国农业科学院作物科学研究所	高产广适，抗寒抗倒，优质中强筋。抗白粉病和条锈病	适播9月25日—10月5日，亩适宜基本苗20万~22万。返青管理依苗情而定，促控结合。拔节初期以控制春生分蘖为主，拔节末期再浇水施肥。后期浇好灌浆水，促大蘗成穗，注意防治病虫害	新品种，2020年推广175万亩，较2019年增加142万亩，快速应用阶段
中麦175	中国农业科学院作物科学研究所、赵县农业科学研究所	高产广适节水，抗寒性中等。慢条锈病，中抗白粉病、高感叶锈病，秆锈病	适播期9月28日—10月8日，亩适宜基本苗20万~25万，窄行距10~15 cm种植。拔节初期以控制春季分蘖为主，一般待基部第1、2节间基本定长后再浇水，可亩追施尿素15 kg，促大蘗成穗。后期浇好灌浆水，注意病虫害	2007年至今累计推广约4 700万亩，2020年推广127万亩，较2019年减少200万亩，推广面积快速下降阶段
轮选266	中国农业科学院作物科学研究所	中晚熟高产，抗倒性较好，抗寒性中等。中抗条锈病，高感叶锈病，中抗白粉病	适播期10月上旬，亩基本苗20万~25万。中等肥力地块每亩底施磷酸二铵25 kg，尿素10 kg，钾肥10 kg。拔节期施尿素10 kg。浇好越冬、拔节和灌浆水，抽穗后注意防治蚜虫	新品种，2020年推广70万亩，较2019年增加16万亩
河农6425	河北农业大学	中早熟，高产抗倒，抗寒性中等。中抗条锈病，叶锈病，中感白粉病	适播期10月上旬，亩适宜基本苗22万~25万。浇好封冻水，春季浇水视天气和土壤墒情况。播前进行种子包衣或拌种，后期及时防治白粉病	2020年推广45万亩，较2019年减少12万亩
河农6426	河北农业大学	中早熟，高产节水，抗倒抗寒性好。中抗条锈病和叶锈病，中感白粉病	适播期10月上旬，亩适宜基本苗22万~25万。浇好封冻水，春季浇水视天气和土壤墒情而定。播前进行种子包衣或拌种，后期及时防治白粉病	新品种，2020年推广14万亩
轮选169	中国农业科学院作物科学研究所	中熟，高产，抗寒性一般，抗倒性较差。中感条锈病，中感白粉病	适播期10月上旬，亩适宜基本苗20万~25万。浇好越冬水，拔节水和灌浆水。抽穗后注意防治蚜虫	新品种，2020年推广20万亩

表5-4　北部冬麦区旱地推广面积前4位主导品种的表现

品种名称	选育单位	优缺点	推广区域种植建议及风险提示	种植面积变化情况
陇育5号	陇东学院农林科技学院	中晚熟，高产，条锈病免疫，高感叶锈病，白粉病和黄矮病	适播期9月下旬和10月上旬，亩适宜基本苗20万～28万。注意防治蚜虫，白粉病、叶锈病和黄矮病等病虫害	2020年推广59万亩，较2019年增加6万亩
兰天26号	甘肃省农业科学院小麦研究所	中早熟，分蘖力强，抗寒抗旱抗青干，高抗条锈病和白粉病	二阴区旱地适播期9月上中旬，亩适宜基本苗33万～36万；川水地适播期9月中下旬，亩适宜基本苗38万～40万。12月中旬适时冬灌，4月下旬至5月上旬灌溉1次；孕穗至抽穗期结合叶面追肥喷药，防治锈病和白粉病	2020年推广31万亩，较2019年减少14万亩
兰天32号	甘肃省农业科学院小麦研究所	中早熟，分蘖力强，中抗条锈病和白粉病	二阴区旱地适播期9月上中旬，亩适宜基本苗30万左右；川水地适播期9月中下旬，亩适宜基本苗38万～40万。12月中旬适时冬灌，4月下旬至5月上旬灌溉1次；孕穗至抽穗期结合叶面追肥喷药，防治锈病和白粉病	2020年推广21万亩，较2019年增加6万亩
兰天19号	甘肃兰州商学院、天水农业学校	中熟，抗寒抗旱，成熟落黄好，高抗条锈病、中抗白粉病	二阴区旱地适播期9月上中旬，亩适宜基本苗32万～35万；川水地适播期9月中下旬，亩适宜基本苗38万～43万。12月中旬适时冬灌，4月下旬至5月上旬灌溉1次；孕穗至抽穗期结合叶面追肥喷药，防治锈病和白粉病	2020年推广20万亩，较2019年减少6万亩

表5-5　黄淮北片水地推广面积前17位主导品种的表现

品种名称	选育单位	优缺点	推广区域种植建议及风险提示	种植面积变化情况
济麦22	山东省农业科学院作物研究所	中晚熟，高产，适抗倒伏。中抗白粉病，中感条锈病、高感叶锈病、赤霉病和纹枯病	适播期10月上旬，亩适宜基本苗10万～15万。注意防治蚜虫，叶锈病、赤霉病、纹枯病等病虫害	当前本区第1大品种和试验区对照，并引种江苏和安徽等省，2020年本区推广1421万亩，较2019年减少123万亩
山农28号	山东农业大学/淄博禾丰种子有限公司	中晚熟高产，抗寒性中等，高抗白粉病，中感赤霉病、赤霉病、叶锈病，高感叶锈病	适播期10月上中旬，亩适宜基本苗12万～15万。注意防治蚜虫，赤霉病、纹枯病和纹锈病等病虫害	2020年推广761万亩，较2019年减少47万亩

（续表5-5）

品种名称	选育单位	优缺点	推广区域种植建议及风险提示	种植面积变化情况
山农29号	山东农业大学	中晚熟高产，茎秆弹性好，抗倒和抗寒性较好。慢条锈病，中感白粉病，高感叶锈病、赤霉病和纹枯病	适播期10月上旬，亩适宜基本苗18万～22万。注意防治蚜虫，叶锈病、赤霉病等病虫害	2020年推广726万亩，较2019年增加43万亩
济麦44	山东省农业科学院作物研究所	中早熟优质强筋，越冬抗寒性和抗倒性较好，中抗条锈病、中感白粉病，高感叶锈病、赤霉病和纹枯病	适于500 kg以上高肥地块种植，适宜播期10月上中旬，亩基本苗15万左右。进行冬灌和春锄，培育壮苗。拔节期亩施尿素10 kg，及时防治蚜虫、赤霉病、锈病和杂草危害，适时收获	新品种，2020年440万亩，较2019年增加354万亩，快速应用阶段
鲁原502	山东省农业科学院原子能农业应用研究所、中国农业科学院作物科学研究所	中晚熟，高产，对肥力敏感，抗倒伏性中等，高感条锈病、叶锈病、白粉病、赤霉病、纹枯病	适播期10月上旬，亩适宜基本苗13万～18万。加强田间管理，浇好灌浆水。注意防治叶锈病和白粉病，预防赤霉病，防干热风，防倒伏	2020年推广377万亩，较2019年减少136万亩，推广面积快速下降
烟农1212	山东省烟台市农业科学研究院	高产，冬季抗寒性较好，慢条锈病，中感叶锈病、纹枯病和赤霉病，高感纹枯病和赤霉病	适播期10月上旬，亩适宜基本苗15万～18万。注意防治蚜虫，纹枯病和赤霉病等病虫害	新品种，2020年推广292万亩，较2019年增加44万亩
烟999	山东省烟台市农业科学研究院	高产，抗倒性一般，冬春季抗寒性均较好，耐高温能力一般，中抗叶锈病、高感白粉病、赤霉病、纹枯病	适播期10月上旬，亩适宜基本苗15万～18万。春季管理略晚以轻控株高，防倒伏。注意防治蚜虫、白粉病、赤霉病、纹枯病	2020推广264万亩，与2019年相当
邯麦19	邯郸市农业科学院	中晚熟，抗倒伏性好，高感叶锈病、白粉病和赤霉病，中感纹枯病，慢条锈病	适播期10月上旬，亩适宜基本苗18万～20万。注意防治蚜虫、条锈病、白粉病、纹枯病、赤霉病	新品种，2020年推广260万亩，较2019年增加104万亩
衡4399	河北省农林科学院旱作农业研究所	中晚熟高产，抗倒伏性较好，抗寒性中等；中感条锈病、叶锈病和白粉病	适播期10月中上旬，亩适宜基本苗18万～22万，秸秆还田地块适当增加播量。注意防治蚜虫、锈病，叶锈病和白粉病等病虫害	河北省冀中南水地区试对照，2020年推广197万亩，较2019年减少64万亩

（续表5-5）

品种名称	选育单位	优缺点	推广区域种植建议及风险提示	种植面积变化情况
石农086	石家庄大地种业有限公司	中熟高产，抗倒伏性较好，抗寒性较好。免疫白粉病，叶锈病，高抗条锈病	适播期10月上旬，亩适宜基本苗18万～22万。注意防治蚜虫、赤霉病、叶锈病和纹枯病等病虫害	2020推广197万亩，较2019年增加79万亩
济麦23	山东省农业科学院作物研究所，中国农业科学院作物科学研究所，山东鲁研农业良种有限公司	中熟，高产稳产，高抗叶锈病、慢条锈病，中感白粉和纹枯病，高感赤霉病，越冬抗寒性较好，抗倒伏性一般	适播期10月5—15日，适期晚播，亩适宜基本苗15万～18万。注意防治蚜虫和叶锈病、赤霉病、纹枯病等病虫害	2020年推广172万亩，较2019年增加25万亩
泰科麦33	泰安市农业科学研究院	中强筋，高感白粉病，赤霉病和纹枯病，中感条锈病和叶锈病	适播期10月上旬，亩适宜基本苗18万～22万。注意防治白粉病、纹枯病、赤霉病、条锈病、叶锈病	新品种，2020年推广159万亩，较2019年减少39万亩
衡S29	河北省农林科学院旱作农业研究所	中早熟，抗寒性好，春季易受低温冻害影响，抗倒性一般，中抗条锈病，中感白粉病，高感叶锈病，赤霉病，纹枯病	适播期10月5—10日，亩适宜基本苗20万～22万。注意防治白粉病	2020年推广159万亩，较2019年增加35万亩
石麦22	石家庄市农林科学研究院	半冬性中早熟，抗寒性较好，抗倒性一般，高感条锈、叶锈、白粉和纹枯病，中感赤霉病	适播种期10月5—15日，亩适宜基本苗16万～22万，及时叶面喷施杀虫剂，杀菌剂，防治各种病虫害	2020年推广154万亩，较2019年增加109万亩
山农38	山东农业大学	强冬性中晚熟高产，抗倒性较好，中感白粉病，高感条锈病，叶锈病，赤霉病和纹枯病	适播期10月5—15日，亩适宜基本苗10万～18万。注意防治条锈病、叶锈病、赤霉病和纹枯病	新品种，2020年推广120万亩
师栾02-1	河北师范大学，栾城县原种场	半冬性中熟，优质中强筋，抗倒性中等，中抗纹枯病，中感赤霉病，高感条锈病，叶锈病和白粉病	适播期10月上中旬，亩适宜基本苗10万～15万。注意防治蚜虫、条锈病、叶锈病和白粉病等病虫害	2020推广105万亩，与2019年相当

（续表5-5）

品种名称	选育单位	优缺点	推广区域种植建议及风险提示	种植面积变化情况
中麦155	中国农业科学院作物科学研究所	中熟，分蘖力较强，抗倒性中等，抗寒性较好	适播期10月上旬，亩适宜基本苗18万～20万。播前药剂拌种防治地下害虫；注意防治蚜虫、条锈病和白粉病等病虫害	2020年推广105万亩，与2019年相当

表5-6 黄淮南片水地推广面积前20位主导品种的表现

品种名称	选育单位	优缺点	推广区域种植建议及风险提示	种植面积变化情况
百农207	河南百农种业有限公司/河南华冠种业有限公司	半冬性中晚熟，冬季抗寒性和耐倒春寒能力中等，耐后期高温能力较强。高感叶锈病、赤霉病，白粉病和纹枯病	适播期10月8—20日，亩适宜基本苗12万～20万。注意防治纹枯病、白粉病和赤霉病等病虫害	2020年本区域推广1 600万亩，较2019减少517万亩，黄淮南片当前第一大品种
百农4199	河南科技学院	半冬性中早熟，冬季抗寒性好，春季低温较敏感，抗倒伏能力一般。中抗条锈病、中感叶锈病、高感赤霉病、白粉病和纹枯病	播期10月5～15日，高肥力地块亩播量7～8 kg，中低肥力可适当增加播量，如延期播种以每推迟3 d增加0.5 kg播量为宜。20～23.3 cm等行距种植	2020年推广930万亩，较2019年增加241万亩，呈快速增加趋势
郑麦379	河南省农业科学院小麦研究所	半冬性中晚熟优质强筋，冬季抗寒性较好，抗倒伏能力一般，抗倒春寒。高感叶锈病、白粉病、赤霉病和纹枯病	适播期10月上中旬，亩适宜基本苗15万～20万。注意防治叶锈病、白粉病、纹枯病和赤霉病等病虫害	2020年推广653万亩，较2019年增加63万
新麦26	河南省新乡市农业科学院/河南敦煌种业新科种子有限公司	半冬性中熟优质强筋，春季抗寒能力较弱，抗倒伏能力一般，中抗纹枯病，中感条锈病、高感白粉病和赤霉病	适播期10月8—15日，亩适宜基本苗18万～22万。注意防治白粉病、赤霉病等病虫害	2020年推广585万亩，2019年增加51万亩
中麦895	中国农业科学院作物科学研究所/中国农业科学院棉花研究所	半冬性多穗型中晚熟，冬季抗寒性能力中等，抗倒伏性中等，耐后期高温能力强，灌浆速度快，高感叶锈、纹枯病和赤霉病	适播期10月上中旬，亩适宜基本苗12万～18万。人冬时浇越冬水，返青至拔节期适当控水控肥。注意防治蚜虫、条锈病、白粉病、纹枯病和赤霉病等病虫害	2020年推广554万亩，较2019年减少263万亩，推广面积开始下降

（续表5-6）

品种名称	选育单位	优缺点	推广区域种植建议及风险提示	种植面积变化情况
烟农19	烟台市农业科学院	半冬性中晚熟优质中强筋，抗旱性和抗寒性较好。中感赤霉病和纹枯病，感叶锈病，高感白粉病	适播期10月上中旬，亩适宜基本苗12万～15万。施足底肥，保证苗齐、苗匀、苗壮，浇好越冬水；春季第一水可推迟到拔节后期或挑蘖期。防控倒伏风险	2020年本区推广535万亩，较2019年减少11万亩
西农979	西北农林科技大学	半冬性早熟优质强筋，冬季抗寒性好，抗倒伏能力较差。中抗条锈病，不耐后期高温，中感赤霉病、叶锈病，高感赤霉病和白粉病	适播期10月上中旬，亩适宜基本苗12万～18万。注意防治叶锈病、白粉病和赤霉病	2020年推广424万亩，较2019年减少151万亩，呈快速下降趋势
郑麦7698	河南省农业科学院小麦研究中心	半冬性多穗型中晚熟优质强筋，冬季抗寒性较好，抗倒伏性中等。慢条锈病，高感叶锈病、白粉病、纹枯病和赤霉病	适播期10月上中旬，亩适宜基本苗12万～20万。注意防治白粉病、纹枯病和赤霉病等病虫害	2020年推广418万亩，较2019年增加250万亩
西农511	西北农林科技大学	半冬性晚熟强筋，耐倒春寒能力中等，茎秆弹性较好，抗倒性好。中抗条锈病、纹枯病，高感白粉病、赤霉病	适播期10月上中旬，亩适宜基本苗12万～20万。注意防治叶锈病、纹枯病等病虫害	2020年推广418万亩，较2019年增加141万亩
周麦36	周口市农业科学院	半冬性中晚熟中强筋，耐倒春寒能力中等，茎秆硬，抗倒性强。高抗条锈病和叶锈病、纹枯病，高感白粉病、赤霉病	适播期10月上中旬，亩适宜基本苗12万～22万。注意防治蚜虫、白粉病、纹枯病、赤霉病等病虫害	新品种，2020年推广309万亩，较2019年增加201万亩，呈快速上升趋势
丰德存麦5号	河南丰德康种业有限公司	半冬性中晚熟优质强筋，冬季抗寒性较好，抗倒伏性中等。耐高温能力中等，抗倒伏、高感赤霉病，中感叶锈病、慢条锈病，高感赤霉病和纹枯病	适播期10月中旬，亩适宜基本苗12万～18万。注意防治赤霉病和纹枯病，高肥高水地注意防倒伏	2020年推广302万亩，较2019年增加62万亩
平安11	河南平安种业有限公司	半冬性中晚熟品种，冬季抗寒性好，抗倒性较好。抗倒性一般，中抗条锈病，中感纹枯病，中感白粉病、高感叶锈病、高感赤霉病	适播期10月上中旬，亩适宜基本苗12万～18万，注意防治纹枯病、赤霉病	2020年推广257万亩，较2019年增加217万亩，呈快速上升趋势

（续表5-6）

品种名称	选育单位	优缺点	推广区域种植建议及风险提示	种植面积变化情况
淮麦33	江苏徐淮地区淮阴农业科学研究所	半冬性中晚熟，冬季抗寒性较好，耐倒春寒能力中等，茎秆弹性好，抗倒伏。中感条锈病，高感白粉病、叶锈病、赤霉病、纹枯病	适播期10月上中旬，亩适宜基本苗12万～20万，注意防治条锈病、纹枯病	2020年推广247万亩，较2019年减少9万亩
烟农999	山东省烟台市农业科学研究院	中晚熟，高产稳产，冬季抗寒性较好，耐倒春寒能力较好，抗倒性较好，慢条锈病、慢叶锈病、高感白粉、赤霉病和纹枯病	适播期10月8—20日，亩适宜基本苗12万～18万。注意防治白粉病、纹枯病和赤霉病等病虫害。高水肥地注意防倒伏	新品种，2020年本区推广238万亩，较2019年增加35万亩
郑麦101	河南省农业科学院小麦研究所	弱春性中早熟，冬季抗寒性较好，对春季低温较敏感。抗倒伏性较好。中抗叶锈、高感叶锈病、赤霉病、白粉病、纹枯病	适播期10月中下旬，亩适宜基本苗18万～24万。施足底肥，拔节期结合浇水可亩追施尿素8～10kg。注意防治白粉病、叶枯病等病虫害和纹枯病等病虫害	2020年推广202万亩，较2019年减少46万亩
小偃22	西北农林科技大学	弱春性，中熟，抗寒性一般。抗倒伏能力一般。慢条锈病、中感纹枯病和赤霉病，白粉病和赤霉病	适宜播期为10月上旬至中旬，每亩基本苗12万～14万，适时冬灌，酌情春灌、高产田注意防倒伏；注意防治白粉病、叶锈病、及时收获表防止穗发芽	2020年推广172万亩，较2019年减少190万亩，呈不断下降趋势
泛麦8号	河南黄泛区地神种业农科所	半冬性中熟品种，冬春季抗寒性一般。高抗叶锈病、叶枯病、中抗条锈、中感白粉、纹枯病	适宜播期为10月上中旬，每亩基本苗12万～18万，注意防治白粉病纹枯病、赤霉病	2020年推广169万亩，较2019年增加43万亩
安科1303	安徽省农业科学院作物研究所	中早熟，抗倒性中等，高感赤霉病、高感白粉病、中感纹枯病、慢叶锈病	适播期10月中旬，亩适宜基本苗12万～18万，注意防治赤霉病和纹枯病	新品种，2020年推广167万亩，较2019年减少47万亩
中麦578	中国农业科学院作物科学研究所、中国农业科学院棉花研究所	半冬性中熟。冬春性中等，耐倒春寒较好，抗倒性中等。中感纹枯病、条锈病、叶锈病	适宜播种期10月中下旬，每亩适宜基本苗18万左右，注意防治条锈病、叶锈病、白粉病、赤霉病等病害	新品种，2020年推广151万亩，较2019年增加135万亩，呈快速上升趋势
百农AK58	河南科技学院	半冬性中晚熟，抗寒性和抗倒伏性好，耐湿害和高温为害，抗干热风能力强。高抗条锈病、白粉病和秆锈病，高感纹枯病、中感叶锈病、赤霉病	适播期10月上中旬，亩适宜基本苗12万～16万，注意防治叶锈病和赤霉病	2007年至2020年累计推广超过1.8亿亩，其中2020年141万亩，较2019年减少30万亩，呈持续下降趋势

表5-7　黄淮旱地推广面积前6位主导品种的表现

品种名称	选育单位	优缺点	推广区域种植建议及风险提示	种植面积变化情况
临麦9号	临沂市农业科学院	抗倒伏性中等，熟相较好，越冬抗寒性好，条锈和白粉病免疫，高感叶锈、纹枯和赤霉病	注意防治叶锈病、纹枯病和赤霉病	新品种，2020年推广171万亩，较2019年增加117万亩，呈快速上升趋势
山农25	山东农大学	中晚熟，分蘖力较强，抗倒性较好，高感叶锈病、条锈病、白粉病和黄矮病	适播期10月上中旬，亩适宜基本苗15万~18万。注意防治蚜虫、白粉病、黄矮病等病虫害	2020年推广140万亩，较2019年增加34万亩
洛旱22	洛阳农林科学院	抗旱性、抗倒伏性，高感叶锈病、条锈病、白粉病和黄矮病	注意注意防治蚜虫、条锈病、叶锈病、防控倒春寒等风险	新品种，2020年推广69万亩
衡6632	河北省农林科学院旱作农业研究所	春季返青起身较晚，两极分化较慢，抗寒性好、抗倒伏性好，慢条锈病、中抗叶锈病、白粉病、中感黄矮病	防治叶锈病、白粉病、蚜虫、小麦吸浆虫等病虫害	2020年推广61万亩，较2019年增加17万亩
临丰3号	山西省农业科学院小麦研究所	中早熟，抗寒耐冻、分蘖力强、成穗率高；杆粗弹性好、抗倒伏、抗干热风、抗旱性较好、中感条锈、叶锈和白粉病	注意防控倒春寒和条锈等风险	2020年推广55万亩，与2019年相当
铜麦6号	陕西省铜川市印台区农业技术推广中心	中熟稳产，抗寒、抗旱、耐瘠薄、高抗条锈和白粉病	适播期10月上中旬，亩适宜基本苗15万~18万；注意防治蚜虫、叶锈病、黄矮病等病虫害	2020年推广54万亩，与2019年相当

表5-8　长江上游推广面积前4位主导品种和2个苗头品种的表现

品种名称	选育单位	优缺点	推广区域种植建议及风险提示	种植面积变化情况
川麦104	四川省农业科学院作物研究所	抗倒伏能力较强。高抗条锈病、中感白粉病和纹枯病，高感叶锈病和赤霉病	适播期10月下旬至11月上旬，亩适宜基本苗15万~18万。肥力低田块以高基本苗为宜，高肥水条件下适当控制播种密度。播前7~10d和苗期12月上旬化学除草，后期"一喷多防"	2020年推广84万亩，较2019年减少23万亩

（续表5-8）

品种名称	选育单位	优缺点	推广区域种植建议及风险提示	种植面积变化情况
绵麦367	四川省绵阳市农业科学研究院	穗发芽重，慢条锈病，中感赤霉病和叶锈病，高抗白粉病	适播期10月23日—11月5日，亩适宜基本苗14万～16万。注意防治蚜虫，条锈病、赤霉病	2020年推广58万亩，较2019年减少9万亩
南麦168	南充市农业科学院	春性，分蘖力较强，高抗条锈病，中抗白粉病，中感赤霉病	适播期10月30日—11月15日，亩适宜基本苗14万～16万；亩施纯氮10～12 kg，配合施用磷钾肥，田间注意排湿，除草；注意防治蚜虫和赤霉病，避免穗萌发；适时收获	2020年推广45万亩，与2019年相当
绵麦31	四川省绵阳市农业科学研究院	耐肥抗倒，高抗条锈病和白粉病，中感赤霉病	适播期10月底—11月初，亩适宜基本苗14万左右。亩施纯氮12～13 kg，配合施用磷钾肥和农家肥，注意防治蚜虫、霉病等病虫害	2020年推广41万亩，较2019年减少8万亩
川农32	四川农业大学	分蘖力较强，中感白粉和赤霉病，中抗叶锈病，高抗条锈病	适播期10月下旬，适期早播，亩适宜基本苗10万～12万。注意防治蚜虫、白粉病、赤霉病等病虫害	新品种
南麦660	南充市农业科学院	弱筋品种，中抗条锈病，高抗白粉病，高感赤霉病	适播期10月底至11月上旬，亩适宜基本苗13万～16万，注意除草防治蚜虫，适时防治条锈病、白粉病和赤霉病	新品种

表5-9　长江中下游推广面积前10位主导品种的表现

品种名称	选育单位	优缺点	推广区域种植建议及风险提示	种植面积变化情况
宁麦13	江苏省农业科学院粮食作物研究所	春性中熟，抗倒伏性较差。中抗赤霉病，高感条锈病、叶锈病，中感白粉病和纹枯病	适播期10月25日—10月底，亩适宜基本苗15万左右。拔节期防治纹枯病，并确保药液能淋到茎基部发病部位。抽穗扬花期防治赤霉病，白粉病和锈病	2020年推广416万亩，较2019年减少9万亩
郑9023	河南省农业科学院小麦研究所和西北农林科技大学	春性早熟中强筋，抗寒性差，耐后期高温。中抗条锈病，中感叶锈病，高感白粉病和纹枯病	适播期10月25日—11月5日，亩适宜基本苗20万～25万；适期晚播防止冻害。注意防治白粉病、纹枯病和赤霉病；防止穗发芽，后期及时收获	累计推广超过1亿亩。2020年本区推广267万亩，较2019年减少167万亩，呈持续快速下降趋势

（续表5-9）

品种名称	选育单位	优缺点	推广区域种植建议及风险提示	种植面积变化情况
镇麦12号	江苏丘陵地区镇江农业科学研究所	中晚熟，分蘖力中等偏弱，抗倒性较好，抗穗发芽，中抗赤霉病，中感白粉病和纹枯病，高抗黄化叶病	注意防治蚜虫和纹枯病、白粉病等病虫害	新品种，2020年推广259万亩，较2019年增加36万亩，面积呈继续扩大趋势
扬麦25	江苏里下河地区农业科学研究所	高产，迟播早熟	注意防治蚜虫和白粉病、纹枯病、赤霉病、条锈病、叶锈病等病虫害	新品种，2020年推广193万亩，较2019年增加24万亩，面积继续扩大阶段
扬麦23	江苏里下河地区农业科学研究所	春性强筋，分蘖力强，籽粒较饱满。中感赤霉病、高感白粉病、条锈病、叶锈病、纹枯病	适播期10月下旬—11月上旬，亩适宜基本苗16万左右。注意防治蚜虫和赤霉病、条锈病、叶锈病、白粉病、纹枯病等病虫害	2020年推广163万亩，较2019年增加4万亩
扬麦15	江苏里下河地区农业科学研究所	春性，抗倒性较好，中感纹枯病和白粉病、高感叶锈病、条锈病、赤霉病和秆锈病	适播期10月下旬—11月上旬，亩适宜基本苗16万左右。注意防治蚜虫和赤霉病、白粉病等病虫害	2020年推广144万亩，较2019年增加50万亩
镇麦10	江苏丘陵地区镇江农业科学研究所	耐寒抗倒，籽粒饱满，千粒重高。中抗赤霉病、中感纹枯病、感白粉病、黄花叶病毒病	适播期10月25日至11月5日，亩适宜基本苗18万左右，中低产田适当增加。亩施纯氮18kg左右，其中基苗肥占40%，拔节孕穗肥占60%，注意配套搭配磷钾肥。田间沟系配套，防止明涝暗渍。冬前及早春及时防除杂草，注意防治赤霉病、纹枯病、白粉病和蚜虫等病虫害	2020年推广112万亩，较2019年增加18万亩
扬麦20	江苏里下河地区农业科学研究所	春性早中熟弱筋。中感白粉病和赤霉病、高感条锈病、叶锈病和纹枯病	适播期10月下旬—11月上旬，亩适宜基本苗16万左右。亩施纯氮14kg左右，注意防治条锈病、叶锈病、赤霉病、黄花叶病毒病	2020年推广103万亩，较2019年减少10万亩
扬麦13	江苏里下河地区农业科学研究所	春性早中熟弱筋，耐湿性好，高抗白粉病，中抗纹枯病，较耐赤霉病	适播期10月25—30日，亩适宜基本苗15万～18万。亩施纯氮14kg，注意防治纹枯病、锈病、赤霉病及蚜虫等病虫害	2020年推广103万亩，较2019年增加28万亩

（续表5-9）

品种名称	选育单位	优缺点	推广区域种植建议及风险提示	种植面积变化情况
扬辐麦4号	江苏里下河地区农业科学研究所	晚熟，抗倒伏能力较强，高抗穗发芽。高抗条花叶病，中抗赤霉病，感纹枯病和白粉病	适播期10月25日—11月5日，亩适宜基本苗16万左右。亩施纯氮17.5 kg，配合施用磷、钾肥。田间沟系配套，防止明涝暗渍。冬前和早春及时化学除草，注意防治蚜虫和纹枯病、白粉病、赤霉病等病虫害	2020年推广100万亩，较2019年减少14万亩

表5-10 东北春麦推广面积前5位主导品种的表现

品种名称	选育单位	优缺点	推广区域种植建议及风险提示	种植面积变化情况
龙麦35	黑龙江省农业科学院作物育种研究所	强筋，抗倒伏性好。秆锈病免疫，慢叶锈病，中感根腐病和白粉病，高感赤霉病	适期播种，亩适宜基本苗43万~45万。注意防治赤霉病、根腐病、叶锈病	本区当前第1大品种，2020年推广134万亩，较2019年增加21万亩
内麦21	化德县良种场	口较松，轻感散黑穗病	适期播种，亩适宜基本苗43万~45万。注意防治散黑穗病，适宜内蒙古中部地区旱滩地及旱力较肥坡地种植	2020年推广42万亩，较2019年增加13万亩
克旱16	黑龙江省农业科学院克山分院	前期抗旱，后期耐湿，分蘖力较强，抗秆锈病	适期播种，亩适宜基本苗45万左右。注意防治赤霉病和根腐病	2020年推广32万亩，较2019年增加3万亩
克春9	黑龙江省农业科学院克山分院	春性晚熟，分蘖力强，抗倒伏；茎秆弹性好，抗和根腐病，高感白粉病、慢叶锈病，免疫秆锈病	适期播种，亩适宜基本苗43万左右，秋季深施肥或春季分层施肥，药剂拌种，3叶一期压青苗，注意防治白粉病、成熟期及时收获	2020年推广31万亩，较2019年增加7万亩
龙麦36	黑龙江省农业科学院作物育种研究所	强筋，高抗秆锈病，中感赤霉病，中感根腐病	适期早播，亩适宜基本苗44万左右。氮、磷、钾配合施用。注意防治赤霉病和根腐病	2020年推广29万亩，较2019年减少40万亩

表5-11　西北春麦推广面积前6位主导品种的表现

品种名称	选育单位	优缺点	推广区域种植建议及风险提示	种植面积变化情况
宁春4号	宁夏永宁县良种场	高产稳产，抗逆抗病性好，灌浆快	苗适宜基本苗35万～38万。全生育期灌溉4次。5月上中旬结合药剂除草喷乐果，以防治蚜虫、叶蝉、飞虱等害虫，效果不佳地块可于6月上中旬再次喷施。防治黄叶病和丛矮病为害	本区第1大品种，2007年至2020年累计推广5000余万亩，2020年推广335万亩，较2019年减少17万亩
宁春16	宁夏农林科学院作物研究所	抗倒伏性一般，灌浆速度快，抗青干。抗条锈病和白粉病，轻感赤霉病	苗适宜基本苗30万～35万。全生育期灌水3～4次，注意灌好末水，以防倒伏。中耕除杂草，拔节期和抽穗后期及时防蚜虫	2020年推广99万亩，较2019年增加62万亩
高原437	中国科学院西北高原生物研究所	春性中早熟。较抗倒伏，耐旱性中等，条锈病免疫	适期早播，合理密植，加强肥水管理；适时收获	2020年推广65万亩，较2019年增加36万亩
新春37	新疆农业科学院粮食作物研究所	春性中晚熟。分蘖力强	适期早播，合理密植，苗期生长速度较快，肥水旱管理，第1水介于2.5～3叶期，第2水介于3.5～4叶期。及时防治病虫害，成熟时及时收获	2020年推广60万亩，较2019年增加54万亩
宁春15	宁夏农林科学院作物研究所	抗倒伏性好，抗青干能力强。高抗条锈病，中感叶锈病、赤霉病和白粉病	适期早播，苗适宜基本苗40万左右。灌水4～5次，及时防治蚜虫，适时收获	2020年推广57万亩，与2019年相同，近10年种植面积比较稳定
新春26	新疆农业科学院核技术生物技术研究所	综合抗病，秆硬，抗倒伏性好	适播期3月中下旬至4月初。苗适宜基本苗40万左右。全生育期灌水6～7次，头水在2叶1心期进行。适时收获	2020年推广51万亩，较2019年增加36万亩

第六章　全国小麦种业发展趋势与展望

一、坚持品种多样化选育方向，满足新时代品种需求

近年来，我国小麦良种推广面积呈连续下滑趋势，种植结构随着收益的下降而不断调整。为保障全国粮食总产水平，在当前纷繁复杂的国际政治背景下，需持续以高产稳产为主要育种目标，以确保口粮绝对安全。同时，为满足人民群众不断增长的物质需求，有效应对全球气候变化所带来的生产风险，需加大优质专用、抗病抗逆、节水省肥等品种的选育力度。总体来说，优质强筋中强筋品种的数量近年来得到了一定程度的增加，黄淮麦区的新麦26、师栾02-1、济麦44、中麦578等优质强筋中强筋品种和长江中下游的扬麦20等弱筋品种，春麦区的宁春4号、龙麦35、龙麦33等强筋中强筋品种得到了一定程度的发展，但总体数量占比较低，大部分品种种植规模小、管理粗放，产业化不到位，效益不高，部分地区生产出的商品小麦亦难以达到优质强筋中强筋和弱筋标准，满足不了产业需求。根据相关资料，近两年，我国年均进口优质专业小麦数量均超过800万t。有关营养品质提升方面的品种尚无相关标准可供遵循，需要尽快提出应对方案，以提升产业竞争力。

提高品种对主要病害和自然灾害的抗性是小麦生产绿色和持续发展的基本保障。我国小麦各产区土壤类型、气候条件、耕作制度、生产水平等差异大，在小麦生产过程中北旱、南涝、霜冻、暴风雨、干热风、病虫草害发生频繁且为害严重，生产上迫切需要肥水高效利用、综合抗病抗逆性突出的品种，以有效应对气候变化对生产造成的压力。截至目前，品种审定过程中相应性状鉴定标准和评价机制依然有待进一步改善，如节肥节水、适合早播、耐晚播等特性，致使品种推广使用过程中存在一定程度的盲目性。而随着全球气候变化加剧，小麦-玉米轮作及秸秆还田和旋耕面积扩大等因素使赤霉病、根和茎基腐病等有持续加重发生的趋势；对于上述潜在重大病虫害的发生发展情况应予以充分关注和重视。

因此，在保障口粮安全的前提下，需要继续积极推进农业供给侧结构性改革，引导培育和筛选推广优质专用、绿色营养高效、生态安全、适合机械化和轻简化生产要求的小麦新品

种，以落实种业振兴行动方案，为提质增效、发展绿色高效品牌粮食奠定品种基础。

二、加强种质创新，实现遗传改良新突破

黄淮主产麦区当前推广品种的骨干亲本主要来自济麦、周麦、烟农、淮麦等衍生品种，长江中下游育成品种骨干亲本主要来自南大2419选育的扬麦158等和日本西风育成的宁麦9号等，缺少新的突破性新种质的引入，遗传基础狭窄，同质化现象较严重。而随着全球气候变暖和生产水平的提高和耕作方式的改变，春霜冻等自然灾害、赤霉病和根茎基腐病等呈多发、重发趋势，对生产造成严重威胁。针对上述重大灾害和病害，必须加强种质资源的引进、创新和利用，并挖掘相关优异基因，为培育更加符合市场需求的优质多抗、高产广适、突破性新品种提供种质和基因资源。

三、加强育种新技术应用，提升育种效率

分子生物学技术的迅猛发展为作物育种提供了崭新的技术手段，迫切需要加快我国小麦优异种质基因资源挖掘和育种技术创新研究，继续规模化挖掘优异种质基因资源，创制育种新材料，构建高效分子育种平台，加强分子标记辅助育种和基因编辑等新技术在育种特别是抗病抗逆育种中的应用，为提升我国种业的创新能力和国际竞争力，促进现代种业健康发展提供技术手段。

四、加大推广投入，强化机制创新

坚持常规作物国家为投入主体，科研院校为研发主体，政府农技服务体系和公司为推广主体的方针政策，加大政府在政策、资金、资源、人员培训等方面对种业的配套扶持力度，加快育、繁、推一体化种业企业培育进程。完善科企合作政策，创新、优化合作方式，引导并推动科研单位科技骨干人员到种子企业开展技术服务，充分发挥科技骨干人员在推广和成果转化中的作用。从政府层面组织联合攻关，完善科企合作交流平台，为企业获得科技新成果提供政策、资金与人才支持，提升种业创新能力，促进体制机制创新，促进科企合作和政—产—学—研—用联盟建设。通过科企合作，加强技术集成应用和成果转化力度，提升小麦产业科技贡献率。

五、产业化推广品种，加强品牌意识

鼓励种子企业与新型经营主体、种粮大户、龙头加工企业、粮食部门、保险行业多方位合作，积极开展订单农业，引导品种产业化生产和推广，加强与科研单位合作，提供优质专

用小麦生产总体解决方案和全产业链服务，降低生产风险，加强品牌意识，带动农户发展。利用订单农业，规模化生产，实施以销定产，统一供种，带动小麦种子市场经营，以适应供给侧结构性改革需求，满足消费者对高端制品和产品的需求。

六、加强种业支持力度，打造世界种业强国

中国种子企业总体规模较小，产业集中度不高，多、小、散、乱现象依然存在，造成大量规模企业的经营越来越困难，竞争力进一步弱化。且小麦属常规作物，套牌侵权现象突出；国内小麦价格长期高于世界水平，使得我国小麦进口势头强劲；尽管近年来国家的惠农政策很多，但是由于农资成本和劳动力成本持续走高，生产成本不断增加，种粮比较效益持续下滑，造成农民种粮积极性和换种率下降。

因此，必须继续加强种业知识产权保护，全链条全方位保护植物新品种权，加大育种材料和成果等知识产权保护力度，为小麦种业市场稳定健康发展保驾护航，保障小麦种子企业切身利益。充分发挥优质种业企业的主体作用，做大做强种业企业和民族产业。

七、完善种业管理体系，确保良种生产与供应

规范化品种管理，依法治种，完善制度，加快品种推广利用信息化建设步伐。新种子法实施以来，小麦品种试验新增了良种联合攻关和联合体试验通道，进入市场的合法品种数量逐年大幅度增加，但品种同质化现象依然较为严重，生产上存在品种数量多但实际应用少的现象，造成资源浪费，无法得到有效合理使用。可以通过以下4个方面途径，逐步解决上述问题：（1）适当增加品种审定和推广中的DNA差异位点数，以加强植物新品种权保护中有关衍生品种的应用力度；（2）对于不同区域、不同类型的品种，加强品种审定标准的差异化，根据当前生产中品种类型的实际应用情况，在保证安全性的同时，可以适当调高部分生态区高产稳产类型品种的增产幅度；（3）加强对国家及省级统一试验、良种联合攻关、联合体试验的统筹监管，严格把控试验质量，确保试验质量要求的一致性；（4）建立品种退出市场的长效机制，做到科学、严谨撤销品种审定，及时停止推广在生产中种性已严重退化和存在重大缺陷的品种，为生产的安全性保驾护航。根据发展规划，农业主管部门应大力扶持小麦良种繁育基地建设，确保种子生产能力和供应能力的稳定性。以规模化、标准化、机械化、集约化为目标，完善良种繁育基地体系建设，建立稳定的高标准种子田，保障用种安全。

第三部分

玉　米

第七章　2020年玉米品种应用报告

一、2020年我国玉米生产概况

玉米是我国重要的粮食作物、饲料作物和工业原料。玉米产业与我国养殖业、畜牧业关联度高，与人民生活息息相关，在我国农业生产和国民经济中占有重要的地位。根据国家"十三五"规划以及玉米临储政策，2020年玉米供给侧改革目标基本完成。自2017年我国玉米进入产不足需的新常态，每年供应缺口主要靠临储玉米补充，临储玉米库存基本在2020年全部拍卖完毕，玉米供需转入紧平衡阶段。据国家统计局数据，2020年全国玉米播种面积6.189亿亩，与2019年基本持平（图7-1）。

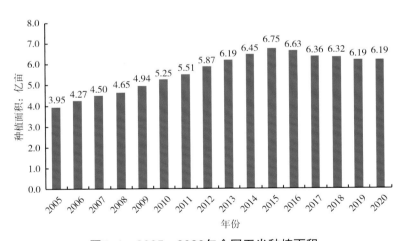

图7-1　2005—2020年全国玉米种植面积

自2020年玉米播种以来，全国大部分地区光照温度适宜，降水相对充沛，虽然2020年某些地区如长江流域出现洪涝灾害，东北华南地区遭遇旱情。但是玉米生长期间气候条件总体较为适宜，利于农业生产。据国家统计局数据，2020年玉米平均单产421 kg/亩，与2019年基本持平（图7-2）。2020年玉米总产量为2.61亿t，与2019年持平（图7-3）。

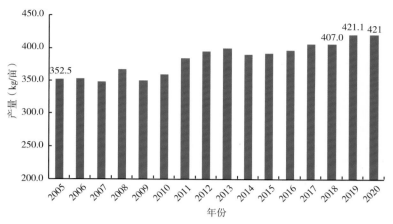

图7-2　2005—2020年全国玉米平均单产

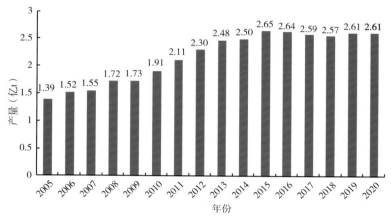

图7-3　2005—2020年全国玉米产量

2020年前六大玉米主产省份分别为黑龙江、吉林、内蒙古、山东、河南和河北，种植面积分别为7 988万亩、6 430万亩、5 700万亩、5 612万亩、5 125万亩和4 500万亩，累计推广面积约占全国面积的62%，其中，黑龙江和吉林2020年玉米推广面积占全国面积的25%。2020年受新冠疫情影响，进口玉米量直线下降，导致玉米价格上涨。2020年是大力发展养猪业之年，各地对饲料的需求量成倍增长。而玉米是饲料的主要原料，加之国内市场紧张，因此玉米价格快速上涨，进而导致农户种植玉米的积极性提高，因此，吉林、内蒙古、河南等玉米种植大省，2020年玉米种植面积均有不同幅度增加（表7-1）。

表7-1　2019—2020年各省份玉米品种推广情况汇总

省份	2020年		2019年		2020年较2019年增减	
	推广面积 （万亩）	品种数量 （个次）	推广面积 （万亩）	品种数量 （个次）	推广面积 （万亩）	面积比例 （%）
黑龙江	7 988	576	8 076	425	-88	-1.1

（续表7-1）

省份	2020年		2019年		2020年较2019年增减	
	推广面积（万亩）	品种数量（个次）	推广面积（万亩）	品种数量（个次）	推广面积（万亩）	面积比例（%）
吉林	6 430	400	4 795	376	1 635	34.1
内蒙古	5 700	640	4 364	625	1 336	30.6
山东	5 612	220	5 313	200	299	5.6
河南	5 125	207	4 573	205	552	12.1
河北	4 500	390	4 599	404	−99	−2.2
辽宁	2 675	420	2 894	425	−219	−7.6
云南	2 641	758	2 425	410	216	8.9
山西	2 613	392	2 253	351	360	16.0
安徽	1 794	276	1 790	203	4	0.2
四川	1 730	520	1 673	508	57	3.4
陕西	1 656	200	1 697	228	−41	−2.4
甘肃	1 372	140	1 149	125	223	19.4
新疆	1 200	70	1 124	61	76	6.8
湖北	1 128	200	820	153	308	37.6
广西	896	120	780	114	116	14.9
江苏	765	230	679	107	86	12.7
重庆	728	755	618	230	110	17.8
贵州	700	300	493	223	207	42.0
宁夏	672	90	391	79	281	71.9
湖南	577	140	575	135	2	0.3
天津	268	50	181	41	87	48.1
广东	219	90	221	93	−2	−0.9
兵团	130	30	68	18	62	91.2
浙江	100	45	96	40	4	4.2
北京	59	68	42	17	17	40.5
福建	50	40	29	18	21	72.4
青海	32	12	47	10	−15	−31.9
江西	30	35	28	27	2	7.1

二、2020年我国玉米品种推广应用状况

（一）主导品种推广应用情况

2020年全国种植面积500万亩以上的品种7个，包括郑单958（2 798万亩）、京科968（1 493万亩）、裕丰303（1 460万亩）、登海605（1 272万亩）、中科玉505（1 168万亩）、先玉335（1 132万亩）、联创808（543万亩），种植面积合计9 866万亩，占总面积的23.2%；推广面积100万～500万亩的品种53个，有伟科702、隆平206、浚单20等，推广面积共10 314万亩，占总面积的24.2%；推广面积10万～100万亩的品种890个，有汉单777、登海9号、辽单575等，推广面积共22 412万亩，占总面积52.6%（图7-4）。

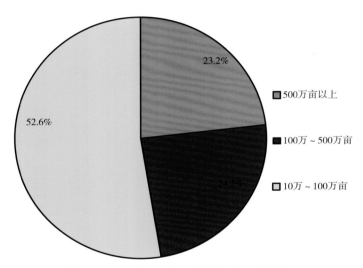

图7-4　2020年玉米品种推广面积占比情况

（二）更新换代速度情况

按照2018—2020年推广面积前30位的品种统计，2014年及以后审定的品种，2020年有13个，比2019年多5个，比2018年多6个；2020年有10个，比2019年和2018年少了3个；2008年及以前审定的品种，2020年有7个，比2019年少3个，比2018年少4个。推广面积50亩以上的特大品种相对稳定，郑单958、先玉335、浚单20等十几年前审定的当家品种，面积逐年减少；京科698、登海605、联创808等品种，在审定后推广几年的时间，表现趋于稳定，逐步得到市场认可，面积变化不大；一些近年来审定的新品种，如裕丰303、中科玉505、农大372等，推广空间不断增大，面积呈上升趋势。尽管郑单958近年来的种植面积在逐年下降，但2020年仍居推广面积的第1位，先玉335则下滑到第6位，京科968和登海605牢牢占据前4位，中科玉505推广面积逐年上升，占第5位，与郑单958第1位的位置仍有差距（表7-2）。

表7-2　2018—2020年推广面积前30位玉米品种情况

推广面积排名	2020年			2019年			2018年		
	品种名称	推广面积（万亩）	审定年份	品种名称	推广面积（万亩）	审定年份	品种名称	推广面积（万亩）	审定年份
1	郑单958	2 798	2000	郑单958	2 818	2000	郑单958	3 074	2000
2	京科968	1 493	2011	京科968	1 459	2011	先玉335	2 027	2004
3	裕丰303	1 460	2015	先玉335	1 333	2004	京科968	2 018	2011
4	登海605	1 272	2010	登海605	1 278	2010	登海605	1 369	2010
5	中科玉505	1 168	2015	裕丰303	1 234	2015	德美亚1号	751	2004
6	先玉335	1 132	2004	中科玉505	776	2015	伟科702	701	2010
7	联创808	543	2015	浚单20	564	2003	裕丰303	653	2015
8	伟科702	485	2010	伟科702	521	2010	浚单20	606	2003
9	隆平206	439	2007	联创808	498	2015	隆平206	568	2007
10	浚单20	370	2003	隆平206	493	2007	联创808	511	2015
11	郑原玉432	369	2018	东农254	404	2009	中科玉505	503	2015
12	良玉99	366	2012	天农九	399	2006	翔玉998	501	2014
13	农大372	301	2015	德美亚1号	397	2004	天农九	443	2006
14	东单1331	290	2016	华兴单7号	388	2012	大丰30	385	2012
15	天农九	281	2006	大丰30	335	2012	蠡玉16	363	2003
16	大丰30	266	2012	翔玉998	335	2014	良玉99	313	2012
17	德美亚1	255	2004	嫩单18	302	2015	鑫鑫1号	310	2008
18	豫安3号	249	2013	蠡玉16号	297	2003	豫安3号	291	2013
19	迪卡653	246	2015	龙育11	281	2013	龙育10	280	2013
20	和育187	244	2012	德单5号	264	2010	京科农728	272	2012
21	翔玉998	235	2014	农大372	249	2015	德美亚3号	271	2013
22	蠡玉16号	217	2003	良玉99	244	2012	东农254	268	2009
23	东农254	213	2009	豫安3号	228	2013	合玉25	262	2015
24	天育108	212	2017	德美亚3	200	2013	中单909	259	2011
25	益农玉14	207	2017	郑原玉432	185	2018	德单5号	249	2010
26	龙育11	206	2013	合玉25	184	2015	农大372	191	2015

推广面积排名	2020年			2019年			2018年		
	品种名称	推广面积（万亩）	审定年份	品种名称	推广面积（万亩）	审定年份	品种名称	推广面积（万亩）	审定年份
27	合玉25	204	2015	正大12号	181	2003	华农887	191	2014
28	龙单90	203	2018	正大999	177	2003	中科11号	175	2015
29	冀农802	193	2018	登海618	166	2013	正大999	164	2014
30	登海618	191	2013	优迪919	166	2012	优迪919	163	2012

注：数据来源于全国农业技术推广服务中心。下同。

（三）企业选育品种推广状况

2020年，我国推广面积10万亩以上的玉米品种945个，推广面积42 476万亩，其中企业商业化育成品种690个，推广面积33 255万亩，品种数占73%，面积占78.3%。品种数量占比较2019年的80.7%减少7.7个百分点，较2018年的73.8%减少0.8个百分点；推广面积占比较2019年的70.3%增加8.0个百分点，较2018年的67.3%增加11.0个百分点。

推广面积500万亩以上有品种7个，总推广面积9 866万亩。其中，企业商业化育成品种5个，总面积5 575万亩，品种数占71.4%，面积占56.5%。品种数量占比较2019年的62.5%增加8.9个百分点，面积占比较2019年的51.5%增加5.0个百分点（表7-3、表7-4）。

推广面积100万~500万亩的品种53个，推广面积10 314万亩，其中企业商业化育成品种40个，面积7 849万亩，品种数占75.5%，面积占76.1%，品种数量占比较2019年的70.9%增加4.6个百分点，面积占比较2019年的73.4%增加2.7个百分点（表7-3、表7-4）。

推广面积50万~100万亩的品种103个，推广面积7 092万亩，其中企业商业化育成品种67个，面积4 618万亩，品种数占65.0%，面积占65.1%，品种数量占比较2019年的66.3%减少1.3个百分点，面积占比较2019年的66.4%减少1.3个百分点（表7-3、表7-4）。

推广面积10万~50万亩的品种782个，推广面积15 204万亩，其中企业商业化育成品种576个，面积10 822万亩，品种数占73.7%，面积占71.2%，品种数量占比较2019年的83.7%减少10.0个百分点，面积占比较2019年的83.4%减少12.2个百分点。

郑单958和京科968推广面积位于第一位、第二位。500万亩以上的特大品种企业商业化育成品种面积占比为56.5%，但是面积100万~500万亩的主流品种，企业商业化育成品种面积占比逐年上升，2020年已达76.1%，占据绝对主导地位。总体来说，随着商业化育种模式推广，企业已逐渐成为玉米育种创新的主体（表7-5、表7-6、表7-7）。

表7-3　2020年商业化育种玉米品种推广情况

序号	品种名称	推广面积（万亩）	审定年份	序号	品种名称	推广面积（万亩）	审定年份
1	裕丰303	1 460	2015	29	正大999	152	2003
2	登海605	1 272	2010	30	泛玉298	144	2015
3	中科玉505	1 168	2015	31	秋乐368	142	2017
4	先玉335	1 132	2004	32	先玉1225	134	2015
5	联创808	543	2015	33	金海5号	132	2003
6	伟科702	485	2010	34	翔玉211	130	2016
7	隆平206	439	2007	35	联创825	121	2017
8	郑原玉432	369	2018	36	隆平208	117	2011
9	良玉99	366	2012	37	富尔116	116	2015
10	农大372	301	2015	38	诚信16号	115	2010
11	东单1331	290	2016	39	中科11	114	2006
12	天农九	281	2006	40	敦玉213	111	2016
13	大丰30	266	2012	41	沃玉964	109	2014
14	德美亚1	255	2004	42	华农887	107	2014
15	豫安3号	249	2013	43	辽禾308	105	2016
16	迪卡653	246	2015	44	强盛388	104	2013
17	和育187	244	2012	45	铁研58	103	2011
18	翔玉998	235	2014	46	汉单777	99	2013
19	蠡玉16号	217	2003	47	正大808	97	2010
20	天育108	212	2017	48	沧玉76	95	2015
21	益农玉14	207	2017	49	正大12	95	2003
22	合玉25	204	2015	50	吉农大935	93	2011
23	登海618	191	2016	51	中地9988	92	2013
24	沃玉3号	188	2013	52	京农科728	89	2016
25	德单5号	174	2010	53	东单1775	87	2018
26	优迪919	164	2012	54	蠡玉88	85	2012
27	西抗18	156	2011	55	纪元128	84	2007
28	嘉禧100	154	2020	56	利禾1	83	2014

（续表7-3）

序号	品种名称	推广面积（万亩）	审定年份	序号	品种名称	推广面积（万亩）	审定年份
57	合玉27	81	2016	84	农华101	64	2010
58	绥玉23	81	2016	85	陕科6号	64	2010
59	联创839	80	2018	86	优旗511	63	2019
60	宏博701	79	2018	87	中地88	63	2019
61	先玉696	78	2006	88	蠡玉35	62	2006
62	大德216	78	2014	89	通单258	62	2018
63	全玉1233	78	2016	90	龙生19号	61	2017
64	龙生1号	77	2011	91	A6565	60	2018
65	玉源7879	75	2015	92	德单123	60	2016
66	平安169	75	2013	93	康农玉007	60	2015
67	翔玉329	75	2018	94	先达203	59	2014
68	登海685	75	2015	95	南北5号	59	2011
69	杜育311	73	2018	96	登海3622	58	2005
70	太育9号	73	2018	97	浚单29	57	2014
71	正大719	73	2015	98	华农138	57	2011
72	禾田4号	72	2013	99	桂单0810	56	2016
73	西蒙6号	72	2012	100	迪卡008	54	2008
74	伟科966	71	2015	101	合玉31	54	2018
75	德美亚3	71	2013	102	华试919	54	2012
76	隆白1号	70	2018	103	五谷3861	53	2015
77	MC738	69	2016	104	晋单73号	53	2016
78	迪卡517	68	2014	105	北青340	53	2017
79	延科288	68	2012	106	五谷1790	53	2014
80	先玉698	66	2015	107	益农玉12	52	2017
81	五谷568	66	2016	108	京科665	52	2016
82	太玉339	65	2009	109	新中玉801	52	2011
83	优旗318	64	2017				

注：数据来源于全国农业技术推广服务中心，面积50万亩以上。

表7-4　2019年商业化育种品种推广情况

序号	品种名称	推广面积（万亩）	审定年份	序号	品种名称	推广面积（万亩）	审定年份
1	先玉335	1 333	2004	29	金海5号	130	2003
2	登海605	1 278	2010	30	沃玉3号	130	2013
3	裕丰303	1 234	2015	31	龙辐玉9	129	2014
4	中科玉505	776	2015	32	翔玉211	128	2016
5	伟科702	521	2010	33	蠡玉88	127	2012
6	联创808	498	2015	34	西抗18	126	2011
7	隆平206	493	2007	35	禾田4	125	2013
8	天农九	399	2006	36	新丹336	121	2011
9	德美亚1	397	2004	37	沧玉76	119	2015
10	华兴单7号	388	2012	38	泛玉298	117	2015
11	大丰30	335	2012	39	先玉1225	117	2015
12	翔玉998	335	2014	40	诚信16号	107	2010
13	蠡玉16号	297	2003	41	吉农大935	107	2011
14	德单5号	264	2010	42	西蒙6号	102	2012
15	良玉99	244	2012	43	强盛388	100	2013
16	豫安3号	228	2013	44	沃玉964	98	2014
17	德美亚3	200	2013	45	正大808	98	2010
18	郑原玉432	185	2018	46	华农887	97	2014
19	正大12号	181	2003	47	先玉696	90	2006
20	正大999	177	2003	48	德玉579	88	2016
21	登海618	166	2013	49	优旗318	87	2017
22	优迪919	166	2012	50	东单1331	86	2016
23	迪卡653	164	2015	51	龙生1号	85	2011
24	中科11号	157	2006	52	汉单777	84	2013
25	联创825	143	2017	53	中地9988	84	2013
26	隆平208	143	2011	54	富尔116	83	2015
27	天育108	141	2017	55	迪卡008	82	2008
28	南北5号	133	2011	56	农华101	82	2010

（续表7-4）

序号	品种名称	推广面积（万亩）	审定年份	序号	品种名称	推广面积（万亩）	审定年份
57	登海3622	81	2005	84	陕科6号	63	2010
58	迪卡517	81	2014	85	天润2	63	2010
59	江单9号	81	2018	86	登海685	62	2015
60	和育187	79	2012	87	北青340	61	2017
61	德美亚2	78	2008	88	龙单76	60	2014
62	先达203	78	2014	89	铁研58	60	2011
63	蠡玉35	77	2006	90	丰垦139	59	2015
64	延科288	77	2012	91	正大619	59	2000
65	利禾1	75	2014	92	纪元128	58	2007
66	翔玉329	75	2018	93	龙育12	58	2014
67	锋玉5号	73	2016	94	益农玉12号	58	2017
68	华农138	73	2011	95	翔玉198	57	2015
69	康农玉007	72	2015	96	正成018	57	2014
70	大德216	71	2014	97	迪卡007	56	2000
71	平安169	70	2013	98	垦沃2	55	2014
72	太育1号	70	2014	99	玉源7879	55	2015
73	秋乐368	69	2017	100	先正达408	54	2007
74	华试919	68	2012	101	金园15	53	2014
75	宏硕313	67	2016	102	金园5	53	2010
76	全玉1233	67	2016	103	鹏玉1号	52	2012
77	伟科966	67	2015	104	秋硕玉6号	51	2015
78	正大719	67	2015	105	新中玉801	51	2011
79	德单123	65	2016	106	杜育311	50	2018
80	康农玉108	65	2011	107	屯玉808	50	2011
81	鑫鑫1号	65	2008	108	致泰3号	50	2011
82	豫禾988	64	2008	109	中科4号	50	2004
83	法尔利1010	63	2015				

注：数据来源于全国农业技术推广服务中心，面积50万亩以上。

（四）推动玉米供给侧改革情况

近年来，随着农业供给侧结构调整和产业需求的发展，玉米产业结构不断优化升级。玉米品种更新速度逐步加快，且品种类型趋向多元化，优质专用、绿色高效、特殊类型品种所占的比例逐渐提高。推广专用品种，提升品质，增加优质专用品种供给，满足个性化、多元化需求。推进产销衔接，实现一、二、三产业融合，延伸产业链，提升价值链。以市场需求为导向，积极推出区域、品质、功效等特色鲜明的品种，促进产业提档升级，增加优质绿色农产品供给。拓展绿色高产高效创建外延，赋予新功能、创造新价值。发展综合种养，拓展农业多功能，发展休闲观光、农事体验、文化传承等新业态，充分挖掘品种增收潜力。

在全国种植业结构调整和种业供给侧改革的推动下，在全国玉米研究领域专家的共同努力下，我国甜糯玉米良种选育和生产用种方面都有较大的发展，品种选育向优质、多抗、稳产等特性方面看齐。随着我国经济及生活水平的不断提高，对奶类和肉类的需求出现快速上升趋势，青贮玉米作为一种优质的草食家畜青贮饲料需求量也在持续增长。除此之外作为爆米花原料的爆裂玉米也广受大众的欢迎，爆裂玉米的种植面积逐步扩大，产生的效益也明显增加。随着机械化水平的提高和规模化的种植扩大，以轻简化、机械化、集约化为重点，围绕种植结构调整，采用机械化作业方式，对于后期脱水较快、较适宜机收的品种，市场需求形势较好，机收籽粒玉米的种植面积也逐步扩大。目前，我国经济由高速增长阶段转向高质量发展阶段，种业迫切需要加快供给侧结构改革，转变发展方式，着力构建更高质量、更强竞争力、更有效益、更可持续的农产品供给体系，从而满足人民日益增长的绿色、优质农产品需求。

表7-5　2020年全国鲜食玉米品种推广情况汇总

序号	品种名称	推广面积（万亩）	审定年份	序号	品种名称	推广面积（万亩）	审定年份
1	万糯2000	25	2014	11	美玉7号	4.76	2005
2	京科糯2000	18	2006	12	钱江糯3号	4.74	2017
3	西星黄糯958	16	2009	13	闽双色4号	4.44	2018
4	粤甜28号	16	2017	14	天贵糯932	4.07	2017
5	垦粘1号	15	1993	15	美玉8号	3.78	2005
6	郑黄糯2号	12	2007	16	浙凤糯2号	3.33	2001
7	中糯2号	12	2002	17	SBS902	2.51	2021
8	石糯2号	10	2015	18	浙凤糯3号	2.34	2001
9	闽甜6855	8.89	2016	19	京科糯928	2.22	2013
10	桂甜糯525	6.05	2013	20	华珍	1.83	2009

注：数据来源于全国农业技术推广服务中心。

表7-6　2020年全国青贮玉米品种推广情况汇总

序号	品种名称	推广面积（万亩）	审定年份	序号	品种名称	推广面积（万亩）	审定年份
1	东陵白	86	2004	5	北单5	20.5	2010
2	中东青2	55.8	2010	6	红单10号	10	2010
3	桂青贮1号	29	2013	7	北农青贮368	10	2015
4	曲辰9号	29	2008	8	蜀玉青贮201	0.23	2008

注：数据来源于全国农业技术推广服务中心。

表7-7　2020年全国机收籽粒玉米品种推广情况汇总

序号	品种名称	推广面积（万亩）	审定年份	序号	品种名称	推广面积（万亩）	审定年份
1	豫单9953	121	2018	4	迪卡517	68	2017
2	KBS1601	91	2019	5	丰德存玉10号	15	2018
3	京农科728	89	2017	6	新单58	13	2019

注：数据来源于全国农业技术推广服务中心。

三、当前我国各玉米区推广的主要品种类型表现及风险提示

（一）普通玉米

1. 东华北春玉米区

东华北春玉米区主要包括东北三省的平原和内蒙古、陕西、宁夏、山西、河北的北部高寒地区，是中国的玉米主产区之一。该区主要分为中早熟、中熟、中晚熟3个不同生态类型。中早熟区有效积温低、无霜期短、低温冷害发生频繁、生态类型多样，该区域易感丝黑穗病、大斑病、玉米螟等，推广中应选择早熟、耐低温、籽粒大，抗丝黑穗病、大斑病、抗虫品种，当前主推品种有德美亚1号、龙育11、天农九等。中熟区属温带大陆性季风气候，四季分明，夏季高温多雨，冬季寒冷干燥。中熟区位于玉米生产"黄金带"核心区，是我国主要产粮区，粮食商品化率高，该区域主要病虫害为丝黑穗病、大斑病、茎腐病、玉米螟等，近几年来的穗腐病趋于多发，玉米生长中后期个别年份、地区易遭受强对流天气，发生倒伏、倒折，推广中应选择抗病虫、抗倒伏、耐高温品种，当前主推品种有京科968、先玉335、良玉99等。中晚熟区属温带湿润、半湿润气候，是我国农田土壤最为肥沃的地区之一，该区域易感病虫害基本与中熟区相同，机收品种要重点考虑抗倒伏性、成熟期和收获含

水量，大斑病高发区域应慎重选择先玉335类易感病品种，当前主推品种有京科968、中科玉505等（表7-8）。

表7-8 东华北春普通玉米主要推广品种汇总

序号	品种名称	选育单位	主要优缺点	推广应用情况
1	京科968	北京市农林科学院	丰产性、稳产性好，高抗玉米螟，中抗大斑病、灰斑病、丝黑穗病、茎腐病和弯孢菌叶斑病。熟期相对较晚	2020年推广面积1 481万亩，2019年推广面积1 450万亩，同比增加2.1%
2	先玉335	铁岭先锋种子研究有限公司	丰产性、稳产性好，适应性广，籽粒后期脱水快，商品品质优。抗性差，易倒伏，感大斑病，弯孢菌叶斑病	2020年推广面积560万亩，2019年推广面积527万亩，同比增加6.3%
3	良玉99	丹东登海良玉种业有限公司	茎秆坚韧，耐密抗倒伏。缺点是熟期较晚，早霜等特殊年份易导致灌浆不充分，影响籽粒产量及商品品质	2020年推广面积355万亩，2019年推广面积244万亩，同比增加45.5%
4	中科玉505	北京联创种业股份有限公司	抗灰斑病，中抗茎腐病、穗腐病，感大斑病、丝黑穗病	2020年推广面积313万亩，2019年推广面积181万亩，同比增加72.9%
5	天农九	抚顺天农种业有限公司	丰产性较好，缺点是耐密性较差，商品品质一般。注意防治黑穗病、弯孢菌叶斑病和玉米螟虫	2020年推广面积281万亩，2019年推广面积399万亩，同比减少29.6%
6	德美亚1	德国KWS种子股份有限公司	耐密，感大斑病、弯孢苗叶斑病	2020年推广面积255万亩，2019年推广面积397万亩，同比减少35.8%
7	翔玉998	吉林省鸿翔农业集团鸿翔种业有限公司	丰产性、稳产性、籽粒商品质好。缺点是抗倒性较差。注意防治玉米大斑病、玉米螟虫	2020年推广面积233万亩，2019年推广面积330万亩，同比减少29.4%
8	东农254	东北农业大学农学院	属高淀粉品种。丝黑穗病和地下害虫为害严重的地块应注意防治，孕穗期和花期遇到严重干旱应适当灌溉	2020年推广面积213万亩，2019年推广面积404万亩，同比减少47.28%
9	天育108	吉林云天化农业发展有限公司	丰产性好，熟期适宜、茎秆坚韧、耐密植，籽粒脱水速度快，出籽率高，注意防治玉米螟虫	2020年推广面积212万亩，2019年推广面积141万亩，同比增加50.4%
10	龙育11	黑龙江省农业科学院草业研究所	属早熟品种，具有高产、优质、适应性广。大斑病高发地区注意防病	2020年推广面积206万亩，2019年推广面积281万亩，同比减少26.7%

2. 黄淮海夏玉米区

黄淮海夏玉米区主要包括河北、河南、山东、山西四省。黄淮海夏玉米区地势平坦，水源充足，雨热同期、光温同期，与夏玉米生长期需求一致，是我国夏播玉米优势产区之一。但黄淮海地区降水年际变化大，雨多酿灾，雨少致旱，有时遭遇台风天气，病虫害此起彼伏，玉米单产与天气气候有一定关系。高温干旱天气易出现不同程度热害，导致玉米授粉差、结实率低，对高温敏感的玉米品种出现空秆、花粒、秃尖，甚至出现苞叶严重缩短的现象，易感染穗腐病。灌浆期易出现持续低温阴雨寡照，造成灌浆不良、产量下降。台风及局地强对流天气频发，易导致玉米发生大面积倒伏。推广中应选择高产、耐密、抗逆性强的中早熟品种。黄淮海北部地区要选择熟期早、耐旱性强的品种；黄淮海南部地区选用中熟期、抗锈病、耐热性强的品种。同时加强干旱、高温、台风等灾害监测预警。关键生育时期遭遇高温天气和严重干旱，应及时进行灌溉；遭遇涝渍，应及时排水。通过种植耐热品种和及时灌溉，以及叶面喷施微肥等措施，防御高温热害。当前主推品种有郑单958、裕丰303、登海605等（表7-9）。

表7-9 黄淮海夏玉米区普通玉米主要推广品种汇总

序号	品种名称	选育单位	主要优缺点	推广应用情况
1	郑单958	河南省农业科学粮食作物研究所	穗位适中，适应性广，表现出较好的抗热性和适应性，籽粒脱水慢不利于机械粒收，感叶部病害	2020年推广面积2 494万亩，2019年推广面积2 483万亩，同比增加0.4%
2	裕丰303	北京联创种业股份有限公司	株高、穗位适中，适应性、抗弯孢菌叶斑病，果穗较长。高感瘤黑粉病、粗缩病和穗腐病	2020年推广面积1 253万亩，2019年推广面积956万亩，同比增加31.1%
3	登海605	山东登海种业股份有限公司	株高、穗位适中，抗倒伏性、抗病性较好，耐密性较差，秃尖，感茎腐病，对高温敏感，耐热性差	2020年推广面积1 227万亩，2019年推广面积1 254万亩，同比减少2.2%
4	中科玉505	北京联创种业股份有限公司	株高、穗位适中，脱水快，适应性好，耐高温	2020年推广面积1 070万亩，2019年推广面积754万亩，同比增加41.9%
5	先玉335	铁岭先锋种子研究有限公司	果穗细长、脱水快、籽粒品质好、出籽率高；但抗逆性差，感大斑病，弯孢菌叶斑病，区域间表现差异大，花期抗倒性差，不耐密植，耐热性差	2020年推广面积606万亩，2019年推广面积587万亩，同比增加3.2%
6	联创808	北京联创种业股份有限公司	中密度、中早熟、中穗品种。植株高大，抗倒伏一般，耐热性差	2020年推广面积523万亩，2019年推广面积474万亩，同比增加10.3%
7	伟科702	郑州伟科作物育种科技有限公司、河南金苑种业有限公司	株型紧凑，株高、穗位适中，果穗长，耐热性好。感穗腐病、瘤黑粉病	2020年推广面积469万亩，2019年推广面积509万亩，同比减少7.9%

（续表7-9）

序号	品种名称	选育单位	主要优缺点	推广应用情况
8	隆平206	安徽隆平高科种业有限公司	株型紧凑，株高、穗位适中，抗病性较好，耐高温热害。抗倒伏性一般	2020年推广面积439万亩，2019年推广面积493万亩，同比减少11%
9	浚单20	河南省浚县农业科学研究所	品质好，结实性好、抗高温热害。抗倒伏性一般，感黑粉病	2020年推广面积370万亩，2019年推广面积564万亩，同比减少34.4%
10	农大372	北京华奥农科玉育种开发有限公司	抗镰孢茎腐病和大斑病，中抗小斑病和腐霉茎腐病，注意防治瘤黑粉病、粗缩病、孢叶斑病、茎腐病和穗腐病	2020年推广面积300万亩，2019年推广面积249万亩，同比增加20.5%

3. 西北春玉米区

西北春玉米区主要包括新疆、内蒙古、陕西、宁夏、甘肃等地，属半干旱地区，病虫害等自然灾害发生少。本区域玉米种植区域多数为旱地，大部分区域土壤墒情良好，内蒙古西部、陕西、陕北、甘肃河西灌溉区局地墒情不足，部分地区轻旱。此外，本区域光热资源丰富，昼夜温差大，是我国光、热资源高值区和玉米增产潜力最大区域。主要病虫害有丝黑穗病、大斑病、茎腐病、穗腐病、红蜘蛛等，绝大多数品种抗性、产量等田间表现良好，推广中应注意选择抗旱、抗病虫品种。前些年的主要种植品种为先玉335、大丰30及同类型品种。先玉335及同类型品种田间表现为熟期较早、脱水较快、商品性好、适宜性较广、较抗旱、丰产性好、抗倒性和抗病性中等。随着时间推移，部分审定时间已久的品种，随着生态和品种抗性的变化，应注意合理搭配或采取相应栽培措施，降低种植风险。当前主推品种有京科968、先玉335、郑单958等（表7-10）。

表7-10   西北春玉米区普通玉米主要推广品种汇总

序号	品种名称	选育单位	主要优缺点	推广应用情况
1	京科968	北京市农林科学院	高抗玉米螟，中抗大斑病、灰斑病、丝黑穗病、茎腐病和弯孢菌叶斑病	2020年推广面积1 042万亩，2019年推广面积1 050万亩，同比基本持平
2	先玉335	铁岭先锋种子研究有限公司	优点：丰产性、稳产性好，适应性广，籽粒后期脱水快，商品品质优。缺点：抗性差，易倒伏，感大斑病，弯孢菌叶斑病	2020年推广面积335万亩，2019年推广面积383万亩，同比减少12.50%

（续表7-10）

序号	品种名称	选育单位	主要优缺点	推广应用情况
3	郑单958	河南省农业科学院粮食作物研究所	丰产、稳产、抗病性强，熟期偏晚，籽粒商品品质一般，根系发达，株高穗位适中，抗倒性强，高抗矮花叶病毒、黑粉病，抗大小斑病	2020年推广面积209万亩，2019年推广面积71万亩，同比增加194.37%
4	裕丰303	北京联创种业股份有限公司	中抗弯孢菌叶斑病，感小斑病、大斑病	2020年推广面积153万亩，2019年推广面积50万亩，同比增加206.00%
5	先玉1225	铁岭先锋种子研究有限公司北京分公司	中晚熟，丰产稳产，品质好，综合抗病性强	2020年推广面积126万亩，2019年推广面积108万亩，同比增加16.67%
6	大丰30	山西大丰种业有限公司	优点：适应性广，丰产性好。缺点：感大斑病	2020年推广面积109万亩，2019年推广面积125万亩，同比减少14.40%
7	中科玉505	北京联创种业股份有限公司	抗小斑病，中抗大斑病，高抗弯孢叶斑病，感茎腐病和矮花叶病，高感瘤黑粉病、褐斑病	2020年推广面积84万亩，2019年推广面积21万亩，同比增加300.00%
8	正大12	襄樊正大农业开发有限公司	适应性广，粮饲兼用型品种，感大斑病，中抗小斑病、弯孢菌叶斑病、矮花叶病，高抗茎腐病、黑粉病，抗玉米螟	2020年推广面积82万亩，2019年推广面积171万亩，同比减少52.05%
9	和育187	北京大德长丰农业生物技术有限公司	苗期耐低温，耐盐碱，幼苗拱土能力强，抗虫、抗病性强，茎秆强抗倒伏，根系深，抗旱、不早衰，轴细粒深脱水快，适合机收且剥净率高达98%以上	2020年推广面积75万亩，2019年推广面积5万亩，同比增加1 400.00%
10	玉源7879	甘肃玉源种业股份有限公司	抗大小斑病、高抗红叶病、丝黑穗病、玉米螟虫等	2020年推广面积75万亩，2019年推广面积55万亩，同比增加36.36%

4. 西南春玉米区

西南春玉米区主要包括四川、湖南、湖北、陕西、贵州、云南、广西、重庆等地。该地区地形结构复杂，以丘陵山地和高原为主，贫瘠土地偏多，河谷平原和山间平地占比较小。此外该区域气候特殊，立体气候明显，大部分地区光照条件较差，雨热同季。该区域生态和生产条件的极大差异，造成了各省（区、市）需要的品种不同，生产条件各异，耕作制度多样。此外玉米在该区域多种植在浅山丘陵地区，水肥条件较差。因此该地区中低海拔地区主要注意防治小斑病、南方锈病；中高海拔地区主要注意防治纹枯病、丝黑穗病。综上，生产上应注意选择抗病品种，特别是对穗腐病和纹枯病中抗及以上的品种，以提高商品玉米品质。推广品种类型以普通玉米为主，有少量的鲜食甜糯玉米和青贮玉米种植，当前主推品种有西抗18、正大999、郑单958等（表7-11）。

表7-11　西南春玉米区普通玉米主要推广品种汇总

序号	品种名称	选育单位	主要优缺点	推广应用情况
1	西抗18	贵州西山种业有限责任公司	感小斑病、纹枯病、丝黑穗病	2020年推广面积156万亩，2019年推广面积126万亩，同比增加23.81%
2	正大999	襄樊正大农业开发有限公司	丰产性突出，出籽率较高，籽粒半马齿型。中抗纹枯病和小斑病	2020年推广面积144万亩，2019年推广面积165万亩，同比减少12.73%
3	郑单958	河南省农业科学院粮食作物研究所	丰产、稳产、抗病性强，熟期偏晚，籽粒商品品质一般根系发达，株高穗位适中，抗倒性强，活秆成熟，高抗矮花叶病毒、黑粉病、抗大小斑病	2020年推广面积118万亩，2019年推广面积216万亩，同比减少45.37%
4	蠡玉16号	石家庄蠡玉科技开发有限公司	优点：高产、稳产，适应性好。缺点：易感茎腐病	2020年推广面积99万亩，2019年推广面积124万亩，同比减少20.16%
5	正大808	襄樊正大农业开发有限公司四川分公司	丰产性好、综合抗性好，需要在水肥条件好的地区种植	2020年推广面积97万亩，2019年推广面积98万亩，同比基本持平
6	中单808	中国农业科学院作物科学研究所	产量性状表现好，注意防止倒伏	2020年推广面积81万亩，2019年推广面积82万亩，同比基本持平
7	正大719	襄阳正大农业开发有限公司	抗大斑病，中抗小斑病，抗纹枯病，抗锈病，中抗茎腐病	2020年推广面积72万亩，2019年推广面积66万亩，同比增加9.09%
8	隆白1号	四川隆平高科种业有限公司	中抗大斑病，感纹枯病，感穗腐病，中抗茎腐病，感小斑病，感灰斑病	2020年推广面积70万亩，2019年推广面积37万亩，同比增加89.19%
9	登海9号	莱州市农业科学院	高抗倒伏，抗大、小叶斑病及青枯病、病毒病	2020年推广面积69万亩，2019年推广面积65万亩，同比增加6.15%
10	正大12	襄樊正大农业开发有限公司	适应性广，粮饲兼用型品种，感大斑病，中抗小斑病、弯孢菌叶斑病、矮花叶病，高抗茎腐病、黑粉病，抗玉米螟	2020年推广面积69万亩，2019年推广面积155万亩，同比减少55.48%

5.东南春玉米区

东南春玉米区属暖温带半湿润季风气候,光热资源充沛,雨热同季,生态条件非常适合玉米生长,优越的生态条件奠定了玉米具有较高的产量潜力。但是应注意的是春季前期连阴雨和低温寡照,不利于玉米苗期生长,涝渍害较重,玉米根系发育不良、生长缓慢。做好防涝排涝措施,对玉米的生长尤为重要。所以对于玉米不同程度的为害,应重点推广优质、抗病虫、高产、适宜轻简化栽培玉米品种。该区生态类型丰富多样,尤其要加强抗涝渍、抗高温热害、抗锈病种质的创制,通过培育、引进和改良等方法,培育筛选出适合不同生产区域的高产、优质的玉米新品种,促进各地区玉米的生产发展。加快绿色、优质、多抗品种的选育筛选和应用推广,配套标准化周年生产绿色节本高效技术的研究和应用,鼓励和引导夏、冬植反季节生产,可促进玉米种植结构调整和产业转型升级、提质增效。近年来春玉米的种植面积迅速扩大,同时带动了乡村旅游业的快速发展。当前主推的品种有正大808、桂单162、郑单958等(表7-12)。

表7-12 东南春玉米区普通玉米主要推广品种汇总

序号	品种名称	选育单位	主要优缺点及风险提示	推广应用情况	品种类型
1	郑单958	河南省农业科学院粮食作物研究所	早熟,出籽率高,高产稳产	2020年推广面积1 013万亩,2019年推广面积997万亩	普通玉米
2	正大808	襄樊正大农业开发有限公司四川分公司	丰产性好、综合抗性好,需要在水肥条件好的地区种植	2020年推广面积82.64万亩,2019年推广面积77.53万亩	普通玉米
3	桂单162	广西农业科学玉米研究所,广西兆和种业有限公司	丰产性好,适应性广,综合抗性好	2020年推广面积60.56万亩,2019年推广面积29.88万亩	普通玉米
4	桂单0810	广西农业科学玉米研究所,广西兆和种业有限公司	丰产性好,结实好,抗倒性稍差	2020年推广面积56.46万亩,2019年推广面积34.99万亩	普通玉米
5	正大719	襄阳正大农业开发有限公司	丰产性中等,缺点是茎腐病稍重	2020年推广面积51.88万亩,2019年推广面积46.48万亩	普通玉米
6	迪卡008	孟山都科技有限责任公司	丰产性一般,综合抗性好,适应性广,宜在中低肥力地区种植	2020年推广面积49.94万亩,2019年推广面积73.09万亩	普通玉米
7	正大619	南宁地区种子公司(引种)	丰产性一般,适应性广,缺点是茎腐病、纹枯病稍重	2020年推广面积38.98万亩,2019年推广面积43.19万亩	普通玉米
8	油玉909	广西南宁华优种子有限公司	丰产性好,综合抗性好,宜中等肥力以上地区种植	2020年推广面积29.62万亩,2019年推广面积15.99万亩	普通玉米

（续表7-12）

序号	品种名称	选育单位	主要优缺点及风险提示	推广应用情况	品种类型
9	迪卡007	广西壮族自治区玉米研究所（引种）	丰产性一般，综合抗性好	2020年推广面积22.15万亩，2019年推广面积41.91万亩	普通玉米
10	庆红509	广西农业职业技术学院	丰产性好，适应性广，综合抗性好	2020年推广面积21.39亩，2019年推广面积缺	普通玉米
11	万川1306	广西万川种业有限公司	丰产性一般，适应性广，综合抗性好	2020年推广面积20.7万亩，2019年推广面积16.49万亩	普通玉米
12	正大999	襄樊正大农业开发有限公司	丰产性突出，出籽率较高，籽粒半马齿型。中抗纹枯病和小斑病	2020年推广面积20.24万亩	普通玉米
13	济单7号	河南省济源市农业科学研究所	抗倒性略差，高产	2020年推广面积15万亩	普通玉米

（二）特殊类型玉米

1. 鲜食甜糯玉米

近年来，我国鲜食玉米产业呈现飞速发展态势，鲜食玉米产业已成为玉米饲料业和玉米深加工业之后，具有清晰发展前景的新兴玉米产业，发展前景广阔，市场需求量巨大。南方一年四季均可种植甜玉米，种植模式复杂多样，北方主要以春播为主，河北、天津等地区有部分夏播甜玉米种植。我国鲜食玉米的消费传统一直是"南甜北糯"，但如今这个布局正被逐渐打破，南方地区不再以甜玉米为主，糯玉米种植规模也越来越大，北方甜玉米也在快速崛起。全国各地鲜食玉米的快速发展，是落实农业供给侧改革，坚持农业绿色高质量发展的重要举措。发展鲜食玉米不仅满足了市民多元化、高质量的消费需求，而且成为农民增收致富、农业增产增效的重要途径。生产上推广应用的代表性品种大多为国内企业和科研单位育成品种，甜玉米品种主要有京科甜608、先甜5号、粤甜16号、粤甜27号、广甜5号系列等；糯玉米品种主要有京科糯2000、农科玉368、农科糯336、京科糯928，万糯2000、苏玉糯2号、苏玉糯5号、凤糯2146、京科糯2000系列等；甜加糯品种主要有农科玉368、农科系列和彩甜糯系列等（表7-13）。

表7-13　2020年鲜食玉米主要推广品种汇总

序号	品种名称	选育单位	主要优缺点	推广应用情况
1	万糯2000	河北省万全区华穗特用玉米种业有限责任公司	适应性广、产量较高，品质好。注意防治小斑病和纹枯病	2020年推广面积25万亩，2019年推广面积26万亩

（续表7-13）

序号	品种名称	选育单位	主要优缺点	推广应用情况
2	京科糯2000	北京市农林科学院玉米研究中心	适应性广，产量高、品质好。茎腐病重发区慎用，注意适期早播和防止倒伏	2020年推广面积18万亩，2019年推广面积25万亩
3	西星黄糯958	山东登海种业股份有限公司西由种子分公司	注意防止串粉影响品质，防治大斑病、弯孢病、丝黑穗病、玉米螟	2020年推广面积16万亩，2019年推广面积17万亩
4	粤甜28号	广东省农业科学院作物研究所	丰产性好，果皮薄，品质优良，适口性好，中抗纹枯病和小斑病	2020年推广面积16万亩，2019年推广面积14万亩
5	垦粘1号	黑龙江省农垦科学研究院	种植时注意与其他类型玉米隔离种植，注意防治纹枯病等病害	2020年推广面积15万亩，2019年推广面积23万亩
6	郑黄糯2号	河南省农业科学院粮食作物研究所	高抗瘤黑粉病，抗大斑病和矮花叶病，中抗小斑病、茎腐病和弯孢菌叶斑病，感玉米螟	2020年推广面积12万亩
7	中糯2号	苏州市种子管理站	轻感玉米大、小斑病、病毒病、茎腐病，抗倒性强	2020年推广面积12万亩
8	石糯2号	云南石丰种业有限公司	皮薄，糯性适中，品质优，口感好	2020年推广面积10万亩，2019年推广面积14.72万亩
9	闽甜6855	福建省农业科学院作物研究所	株叶态好、较耐密植、抗倒性强（株高中等、穗位适中）、抗病性好，产量高、适应性强适宜采收期较短，需适时采收	2020年推广面积8.89万亩，2019年推广面积8.15万亩
10	桂甜糯525	广西农业科学院玉米研究所、广西兆和种业有限公司	丰产性好，适应性广，容易种植，综合抗性好	2020年推广面积6.05万亩，2019年推广面积9.48万亩
11	美玉7号	海南绿川种苗有限公司	籽粒甜糯比例1：3，穗位较高	2020年推广面积4.76万亩
12	钱江糯3号	杭州市农业科学研究院	籽粒花色，糯甜比1：3	2020年推广面积4.74万亩
13	闽双色4号	福建省农业科学院作物研究所	品质优、抗倒性强（株高中等、穗位适中）、较抗病，产量较高、熟期较早、适应性强感纹枯病、果柄偏长，栽培上需注意控制后期肥料施用，注意防治纹枯病	2020年推广面积4.44万亩
14	天贵糯932	南宁市桂福园农业有限公司	丰产性好，品质好、适应性广，综合抗性好	2020年推广面积4.07万亩，2019年推广面积6.26万亩

序号	品种名称	选育单位	主要优缺点	推广应用情况
15	美玉8号	海南绿川种苗有限公司	籽粒甜糯比1∶3，穗位高	2020年推广面积3.78万亩
16	浙凤糯2号	浙江省农业科学院作物与核技术利用研究所、浙江勿忘农种业股份有限公司	纯糯类型	2020年推广面积3.33万亩
17	SBS902	厦门华泰五谷种苗有限公司	双色，皮薄，甜味纯正，品质优，口感好	2020年推广面积2.51万亩，2019年推广面积9.36万亩
18	浙凤糯3号	浙江大学、浙江勿忘农种业股份有限公司	纯糯类型，小穗型稳产	2020年推广面积2.34万亩
19	京科糯928	北京市农林科学院玉米研究中心	丰产性好、品质优良，适口性好	2020年推广面积2.22万亩
20	华珍	农友种苗股份有限公司	品质中等，适应性好	2020年推广面积1.83万亩

2.青贮玉米

国内用于青贮的玉米品种类型主要有5种，分别为专用型青贮玉米品种、饲草型青贮玉米品种、粮饲通用型青贮玉米品种、粮饲兼用型品种和鲜食玉米品种。专用型青贮玉米品种、饲草型青贮玉米品种、粮饲通用型青贮玉米品种主要用于全株玉米青贮，而粮饲兼用型和鲜食玉米品种用于秸秆青贮。随着农业产业结构调整，国家从2015年开始实施"粮改饲"政策。粮改饲政策主要是以推广青贮玉米的种植与养殖业高效利用为核心，引导玉米利用方式的转变，改籽粒玉米收储利用为全株青贮玉米利用，促进种植业与养殖业的良性循环利用和农业的提质增效。自"粮改饲"政策开展以来，已经取得了明显的成效，2020年全国青贮玉米种植面积已达3 000多万亩，有效地缓解了青贮饲料供应紧张，改善了饲料的结构，促进了畜牧业的良性发展。目前生产上主要推广应用的品种有东陵白、中东青2、桂青贮1号等（表7-14）。

表7-14　2020年青贮玉米主要推广品种汇总

序号	品种名称	选育单位	主要优缺点	推广应用情况
1	东陵白	农家品种	植株高大，田间生长较为整齐，保绿性中等，抗病虫、抗倒伏性一般	2020年推广面积86万亩，2019年推广面积58万亩

（续表7-14）

序号	品种名称	选育单位	主要优缺点	推广应用情况
2	中东青2	东北农业大学农学院、中国农业科学院作物科学研究所	生物产量较高	2020年推广面积55.8万亩，2019年推广面积15.3万亩
3	桂青贮1号	中国农业科学院作物科学研究所	高抗矮花叶病，抗大斑病、丝黑穗病和纹枯病，高感小斑病	2020年推广面积29万亩，2019年推广面积33万亩
4	曲辰9号	云南曲辰种业股份有限公司	粮饲兼用型青贮玉米品种，生物学产量高，活秆成熟	2020年推广面积29万亩，2019年推广面积14万亩
5	北单5	哈尔滨市北方玉米育种研究所	生物产量较高	2020年推广面积20.5万亩，2019年推广面积0万亩
6	红单10号	红河州农业科学研究所	粮饲兼用型青贮玉米品种，生物学产量高，活秆成熟	2020年推广面积10万亩
7	北农青贮368	北京农学院	中抗大斑病，抗小斑病，高抗腐霉茎腐病和丝黑穗病	2020年推广面积10万亩
8	蜀玉青贮201	四川省蜀玉科技农业发展有限公司	感纹枯病、丝黑穗病，抗茎腐病。生产上注意防治纹枯病和丝黑穗病	2020年推广面积0.23万亩，2019年推广面积0.66万亩

3. 机收籽粒玉米

玉米收获机械有收穗和收粒2种，机械收穗为主要形式。我国机收玉米多为夏播玉米，目前宜机收品种严重短缺，多数品种耐密植、抗倒性不足。玉米生产上实现籽粒机收的面积较小，主要集中在早熟区机械化程度较高的地区。2015年开展国家机收籽粒玉米品种区域试验，机收籽粒玉米在全国目前种植面积还不大，仍处于示范推广阶段，受玉米生产发展和加工仓储条件等因素制约，真正实现机收籽粒玉米大面积推广还需要配套的政策措施及设施条件完善。有的品种如迪卡517脱水快，机收效果较好，但籽粒商品性较差，也影响了品种的大面积推广。截至2020年，国审机收籽粒玉米品种共45个，其中2020年审定17个（表7-15），主要表现为脱水快、较早熟。实际生产中机收籽粒玉米也不限于审定通过的机收籽粒玉米品种，一些含水量低、脱水快的普通玉米品种也用作机收籽粒。

表7-15　2020年国审机收籽粒玉米品种汇总

序号	品种名称	选育单位	抗病性	品质	审定适宜区域
1	九圣禾528	北京九圣禾农业科学研究院有限公司	感大斑病，抗丝黑穗病，感灰斑病，中抗茎腐病，感穗腐病	籽粒容重760 g/L，粗蛋白含量11.03%，粗脂肪含量3.83%，粗淀粉含量73.12%，赖氨酸含量0.30%	东华北中熟春玉米类型区的辽宁省东部山区和辽北部分地区，吉林省吉林市、白城市、通化市大部分地区、辽源市、长春市、四平市、松原市部分地区，黑龙江省第一积温带及绥化，齐齐哈尔地区，内蒙古乌兰浩特市、赤峰市、通辽市、呼和浩特市、巴彦淖尔市，鄂尔多斯市等部分地区种植
2	泽玉601	长春市宏泽玉米研究中心	感大斑病，感丝黑穗病，中抗灰斑病，感茎腐病，中抗穗腐病	籽粒容重780 g/L，粗蛋白含量9.92%，粗脂肪含量4.34%，粗淀粉含量75.11%，赖氨酸含量0.29%	东华北中熟春玉米类型区的辽宁省东部山区和辽北部分地区，吉林省吉林市、白城市、通化市大部分地区、辽源市、长春市、四平市、松原市部分地区，黑龙江省第一积温带及绥化，齐齐哈尔地区，内蒙古乌兰浩特市、赤峰市、通辽市、呼和浩特市、巴彦淖尔市，鄂尔多斯市等部分地区种植
3	圣泰868	长春圣泰种业科技有限公司	感大斑病，抗丝黑穗病，中抗灰斑病，中抗茎腐病，抗穗腐病	籽粒容重759 g/L，粗蛋白含量12.43%，粗脂肪含量3.55%，粗淀粉含量71.11%，赖氨酸含量0.34%	东华北中熟春玉米类型区的辽宁省东部山区和辽北部分地区，吉林省吉林市、白城市、通化市大部分地区、辽源市、长春市、四平市、松原市部分地区，黑龙江省第一积温带及绥化，齐齐哈尔地区，内蒙古兴安盟、赤峰市、通辽市、呼和浩特市、巴彦淖尔市，鄂尔多斯市等部分地区种植
4	渭玉1838	陕西天丞禾农业科技有限公司	抗茎腐病，高感穗腐病，感小斑病，感弯孢叶斑病，高感瘤黑粉病	籽粒容重802 g/L，粗蛋白含量8.87%，粗脂肪含量3.95%，粗淀粉含量76.01%，赖氨酸含量0.29%	黄淮海夏玉米区的河南省、山东省、河北省保定市和沧州市的南部及以南地区，陕西省关中灌区，山西省运城市和临汾市，晋城市部分平川地区，江苏和安徽两省淮河以北地区，湖北省襄阳地区部分地区作为籽粒机收品种种植
5	先玉1867	铁岭先锋种子研究有限公司	感茎腐病，感穗腐病，感小斑病，感弯孢叶斑病，抗瘤黑粉病	籽粒容重774 g/L，粗蛋白含量8.85%，粗脂肪含量4.04%，粗淀粉含量75.00%，赖氨酸含量0.27%	黄淮海夏玉米区的河南省、山东省、河北省保定市和沧州市的南部及以南地区，陕西省关中灌区，山西省运城市和临汾市，晋城市部分平川地区，江苏和安徽两省淮河以北地区，湖北省襄阳地区部分地区作为籽粒机收品种种植

（续表7-15）

序号	品种名称	选育单位	抗病性	品质	审定适宜区域
6	京农科738	北京市农林科学院玉米研究中心、北京龙耘种业有限公司	中抗大斑病，抗茎腐病，高感穗腐病，感小斑病，高感弯孢叶斑病粉病，抗南方锈病	籽粒容重754 g/L，粗蛋白含量9.95%，粗脂肪含量4.56%，粗淀粉含量73.75%，赖氨酸含量0.34%	黄淮海夏玉米区的河南省、山东省、河北省保定市及沧州市的南部及以南地区、陕西省关中灌区、山西省运城市和临汾市南部及以南地区、晋城市部分平川地区、江苏和安徽两省淮河以北地区、湖北省襄阳地区夏播作为籽粒机收品种种植
7	陕单650	西北农林科技大学	中抗茎腐病，感穗腐病，感小斑病，高感弯孢叶斑病，高感瘤黑粉病	籽粒容重760 g/L，粗蛋白含量9.82%，粗脂肪含量4.30%，粗淀粉含量74.64%，赖氨酸含量0.29%	黄淮海夏玉米区的河南省、山东省、河北省保定市及以南地区、陕西省关中灌区、山西省运城市和临汾市南部及以南地区、晋城市部分平川地区、江苏和安徽两省淮河以北地区、湖北省襄阳地区作为籽粒机收品种种植
8	豫单776	河南农业大学	感茎腐病，中抗穗腐病，感小斑病，感弯孢叶斑病，高感瘤黑粉病，高感南方锈病	籽粒容重792 g/L，粗蛋白含量10.71%，粗脂肪含量4.48%，粗淀粉含量71.38%，赖氨酸含量0.32%	黄淮海夏玉米类型区的河南省、山东省、河北省保定市和沧州市的南部及以南地区、陕西省关中灌区、山西省运城市和临汾市的南部及以南地区、晋城市部分平川地区、江苏和安徽两省淮河以北地区、湖北省襄阳地区种植
9	先玉1881	山东登海先锋种业有限公司、铁岭先锋种子研究有限公司	感茎腐病，感穗腐病，感小斑病，中抗弯孢叶斑病，高抗瘤黑粉病，高感南方锈病	籽粒容重754 g/L，粗蛋白含量8.90%，粗脂肪含量4.15%，粗淀粉含量75.03%，赖氨酸含量0.30%	黄淮海夏玉米区的河南省、山东省、河北省保定市及以南地区、陕西省关中灌区、山西省运城市和临汾市南部及以南地区、晋城市部分平川地区、江苏和安徽两省淮河以北地区、湖北省襄阳地区作为籽粒机收品种种植
10	陕单620	西北农林科技大学	中抗茎腐病，中抗穗腐病，感弯孢叶斑病，感小斑病，中抗瘤黑粉病，南方锈病	籽粒容重765 g/L，粗蛋白含量10.54%，粗脂肪含量4.29%，粗淀粉含量72.61%，赖氨酸含量0.31%	黄淮海夏玉米区的河南省、山东省、河北省保定市及以南地区、陕西省关中灌区、山西省运城市和临汾市南部及以南地区、晋城市部分平川地区、湖北省襄阳地区作为籽粒机收品种种植
11	德单180	德农种业股份公司	高抗茎腐病，高感穗腐病，感小斑病，感弯孢叶斑病，高感瘤黑粉病	籽粒容重774 g/L，粗蛋白含量9.32%，粗脂肪含量4.37%，粗淀粉含量73.51%，赖氨酸含量0.3%	黄淮海夏玉米区的河南省、山东省、河北省中南部地区、陕西省关中灌区、山西省运城市和临汾市、晋城市部分平川地区、湖北省襄阳地区、江苏和安徽两省淮河以北地区、京津唐地区作为籽粒机收品种种植

（续表7-15）

序号	品种名称	选育单位	抗病性	品质	审定适宜区域
12	德单179	德农种业股份公司	高抗茎腐病，高感穗腐病，中抗小斑病，中抗弯孢叶斑病，中抗瘤黑粉病	籽粒容重786 g/L，粗蛋白含量8.89%，粗脂肪含量4.49%，粗淀粉含量73.86%，赖氨酸含量0.30%	黄淮海夏玉米区的河南省、山东省、河北省中南部地区，陕西省关中灌区，山西省运城市和临汾市，晋城市部分平川地区，湖北省襄阳地区，京津唐地区 作为籽粒机收品种种植
13	泽玉8911	吉林省宏泽现代农业有限公司	抗茎腐病，感穗腐病，中抗小斑病，感弯孢叶斑病，感瘤黑粉病	籽粒容重780 g/L，粗蛋白含量9.00%，粗脂肪含量3.78%，粗淀粉含量74.11%，赖氨酸含量0.36%	黄淮海夏玉米区的河南省、山东省、河北省中南部地区，陕西省关中灌区，山西省运城市和临汾市，晋城市部分平川地区，湖北省襄阳地区，京津唐地区 作为籽粒机收品种种植
14	郑单326	河南省农业科学院粮食作物研究所	中抗茎腐病，高感穗腐病，感小斑病，中抗弯孢叶斑病，高感瘤黑粉病	籽粒容重762 g/L，粗蛋白含量10.60%，粗脂肪含量3.23%，粗淀粉含量73.69%，赖氨酸含量0.35%	黄淮海夏玉米类型区，山东省、河北省中南部地区，陕西省关中灌区，山西省运城市和临汾以北地区，晋城市部分平川地区种植
15	伟玉178	郑州伟玉良种科技有限公司，河南商都种业有限公司	中抗茎腐病，高感穗腐病，中抗小斑病，感弯孢叶斑病，感瘤黑粉病	籽粒容重778 g/L，粗蛋白含量9.80%，粗脂肪含量3.25%，粗淀粉含量74.28%，赖氨酸含量0.31%	黄淮海夏玉米区的河南省、山东省、河北省中南部地区，陕西省关中灌区，山西省运城市和临汾以北地区，江苏和安徽两省淮河以北地区，湖北省襄阳地区，京津唐地区种植
16	NK916	北京市农林科学院玉米研究中心	中抗茎腐病，中抗小斑病，感弯孢叶斑病，感瘤黑粉病，高感穗腐病	籽粒容重778 g/L，粗蛋白含量8.91%，粗脂肪含量3.36%，粗淀粉含量75.69%，赖氨酸含量0.30%	黄淮海夏玉米区的河南省、山东省、河北省中南部地区，陕西省关中灌区，山西省运城市和临汾以北地区，江苏和安徽两省淮河以北地区，湖北省襄阳地区，京津唐地区 作为籽粒机收品种种植
17	京农科729	北京市农林科学院玉米研究中心	中抗茎腐病，感小斑病，感弯孢叶斑病，感瘤黑粉病，高感穗腐病	籽粒容重801 g/L，粗蛋白含量10.18%，粗脂肪含量4.42%，粗淀粉含量72.89%，赖氨酸含量0.36%	黄淮海夏玉米区的河南省、山东省、河北省中南部地区，陕西省关中灌区，山西省运城市和临汾以北地区，江苏和安徽两省淮河以北地区，湖北省襄阳地区，京津唐地区 作为机收籽粒种植

4. 爆裂玉米

我国爆裂玉米产业始于20世纪80年代，每年以20%左右的速度持续增长，商品爆裂玉米经历了散装爆裂玉米、微波爆裂玉米、成品爆裂玉米和"三合一"爆裂玉米4个发展阶段。2013年国家启动了国家爆裂玉米区域试验，截至2020年，共计8家单位申请参加了国家爆裂玉米区域试验，参试品种共计50个。5家单位共计20个新品种通过审定。随着国审品种的不断增多，品种类型更加丰富，产品普及更加广泛。2020年，全国爆裂玉米种植面积稳定在20万亩左右。辽宁、新疆、内蒙古、吉林仍然是我国爆裂玉米种植面积最大的省份，种植面积占到全国面积的90%以上。辽宁、吉林是我国爆裂玉米的优质产区，其爆裂玉米育种、生产和加工等方面均处于国内领先水平，种植面积最大的区域分布在辽宁的中北部和吉林南部地区。新疆、内蒙古是我国爆裂玉米的高产区，受光热资源影响，该区爆裂玉米产量相对较高。2020年有6个爆裂玉米品种通过国审（表7-16）。

表7-16　2020年国审爆裂玉米品种汇总

序号	品种名称	选育单位	抗病性	品质	审定适宜区域
1	申科爆6号	上海市农业科学院、王慧、郑洪建、于典司、孙萍东、卢有林、顾炜、胡颖雄、卫季辉、林金元、施标	抗穗腐病，中抗茎腐病，瘤黑粉病，感丝黑穗病	膨胀倍数25倍，花形球形花，爆花率99%	辽宁、吉林、陕西、宁夏、新疆、河南、山东、天津等省份年≥10℃积温2 700℃·d以上的玉米种植区
2	吉爆18	吉林农业大学	高抗茎腐病，抗穗腐病，中抗瘤黑粉病，感丝黑穗病	膨胀倍数27倍，花形混合花，爆花率98.5%	辽宁、吉林、陕西、宁夏、新疆、河南、山东、天津等省份年≥10℃积温2 700℃·d以上的玉米种植区
3	斯达爆4号	北京中农斯达农业科技开发有限公司	抗茎腐病、穗腐病，中抗丝黑穗病、瘤黑粉病	膨胀倍数26.0倍，花形混合形，爆花率96.5%	辽宁、吉林、陕西、宁夏、新疆、河南、山东、天津等省份年≥10℃积温2 700℃·d以上的玉米种植区
4	绥爆1号	绥化学院、沈阳金色谷特种玉米有限公司	抗穗腐病、瘤黑粉病，中抗茎腐病	膨胀倍数27.2倍，花形为球形花，爆花率99%	黑龙江、辽宁、山西、宁夏、新疆、河南、北京等省份年≥10℃积温2 700℃·d以上的玉米种植区
5	金Q29号	沈阳金色谷特种玉米有限公司	高抗瘤黑粉病，抗穗腐病，中抗茎腐病，感丝黑穗病	膨胀倍数28.05倍，花形球形花，爆花率99%	黑龙江、辽宁、山西、宁夏、新疆、河南、北京等省份年≥10℃积温2 700℃·d以上的玉米种植区

（续表7-16）

序号	品种名称	选育单位	抗病性	品质	审定适宜区域
6	佳球26	沈阳特亦佳玉米科技有限公司	高抗瘤黑粉病，抗穗腐病，中抗茎腐病，感丝黑穗病	膨胀倍数29.85倍，花形混合花，爆花率98.85%	黑龙江、辽宁、山西、宁夏、新疆、河南、北京等省份年≥10℃积温2 700℃·d以上的玉米种植区

四、未来玉米产业发展趋势与展望

（一）普通玉米

玉米是我国重要的粮食、饲料及工业原料，也是我国种植面积最大和总产最高的粮食作物。由于畜牧养殖业发展对饲料的刚性需求和工业加工需求的增长，我国年需求玉米量在2.2亿t以上，并呈进一步增长态势，这就需要籽粒玉米种植面积保持在5.5亿亩左右，亩产保持在400 kg以上。品种是玉米生产的第一要素。玉米新品种的推广利用在玉米增产总额中发挥40%的作用，其选育与推广是支撑玉米生产的核心技术，培育出玉米大品种早已成为国际种业巨头的竞争焦点。未来一段时期内，我国要进一步加强玉米育种技术研发，创新种质资源，提高籽粒玉米的种植效益，提高行业内的市场竞争力，带动玉米产业的良好发展。节本增效、提质增效，提高玉米生产的综合效益和市场竞争，节水节肥的资源高效利用和减少农药使用的绿色生产技术将在玉米生产上得到进一步大力发展。转基因和基因编辑技术将会在玉米上实现产业化。信息化和智能装备在玉米生产上得到进一步应用。

东华北春玉米区是我国最大的玉米主产区，该区域易感丝黑穗病、大斑病、茎腐病、玉米螟等，选育高产、广适、抗倒伏、抗病虫、适宜机械化作业的新品种对该区玉米的发展尤为重要；黄淮海夏玉米区地势平坦，水源充足，雨热同期、光温同期，是我国夏播玉米优势产区之一。但该区降水年际变化大，高温、干旱灾害频发，有时遭遇台风天气，病虫害此起彼伏，推广中应选择高产、耐密、抗逆性强的中早熟品种；西北春玉米区地形结构复杂，气候特殊，立体气候明显，大部分地区光照条件较差，雨热同季。其光热资源充足，是我国最适宜玉米种植和玉米全程机械化的区域之一。对机收籽粒品种进行选育、试验，加速其推广将进一步促进西北玉米产业的发展。

（二）鲜食玉米

随着人民生活水平的提高和膳食结构的改善，鲜食玉米消费量迅速增加、产业潜力巨大。目前全国鲜食玉米种植面积已超过1 200万亩、加工企业超过1 100家，市值已达300多亿元。我国鲜食玉米生产呈现"南甜北黏"的特点，甜玉米种植集中在广东、广西两省，糯玉米分布在东北和华北多省。鲜食玉米育种形成了鲜明的中国特色，产业水平到达一个新高度，在全球范围既有显著特点，也有领先优势。鲜食玉米具有营养价值高、口感好、附加值高、效益好、低脂高纤维等综合优点，是近年来我国种植业结构调整、贯彻落实科技帮扶、乡村振兴战略的首选作物；依靠科技创新，选育高端特色和营养强化型优质鲜食玉米是未来我国鲜食玉米的重要方向，以此促进我国鲜食玉米产业不断升级、绿色高效发展，满足市场多元化需求。

我国是糯玉米的起源地，种植糯玉米历史悠久，具有丰富的糯玉米种质资源，创新选育出一大批优良糯玉米品种，均具有自主知识产权。部分品种如京科糯2000、京花糯2008等实现向国际输出，成为越南、韩国等东南亚一带一路国家的主栽品种。鲜食玉米不但要高产稳产、品质优良，还要在成熟期、籽粒颜色、穗加工等方面不断满足生产和市场的多样化需求。多样性和特色化是发展鲜食玉米产业所需。除高端特色和营养强化，随着冷链物流、电商等销售模式兴起，货架期长耐储运、外观品质优、宜加工等类型细化的品种也是市场所需。

（三）青贮玉米

受传统种粮观念和饲养方式等的影响，我国长期以来一直以籽实高产作为品种更换的主要目标。20世纪80年代之前没有青饲型玉米品种，1985年审定第一个青贮玉米专用品种——京多1号。自此，我国青贮玉米经历了2个阶段，1986—2003年饲草、兼用（黄贮）阶段和2004—2017年青贮专用、全株青贮阶段。饲草、兼用（黄贮）这个阶段审定品种较少，审定是以生物产量鲜重为标准，主要用于青饲，依据当时的实际情况，需要先满足让牲畜吃饱的需求。近几年来国家或省级审定的专用型青贮玉米品种，例如：豫青贮23、大京九26、京科516、北农青贮208，不仅产量高而且品质好，是饲喂奶牛的最佳青贮饲料。目前全国能全年吃上全株青贮玉米的奶牛和肉牛比例还很小，加之我国还有3亿多只羊，随着草区禁牧区域的放大，青贮玉米作为优质的青贮饲料的发展空间巨大，市场前景十分广阔。在未来，我国应该从加大政策扶持力度、进行合理的有效宣传、给予适当补贴、开展技术培训等方面发展青贮玉米。随着青贮玉米通用型品种的逐步上市，以目前发展的形势预测，2030年我国青贮玉米种植面积有望发展到1亿亩。

（四）机收籽粒玉米

玉米育种技术发展的趋势是降低劳动力成本，加快作业生产效率，实施全程机械化，因此机收籽粒成为主要发展方向。机收籽粒需要多方面条件及配套，如玉米品种优良及采用收获机械等。机收籽粒品种应当具备较高的抗倒伏能力，这种能力应当在玉米生产全程中充分体现，种植玉米整体的倒折率应处于5%以下；后期脱水速度较快，在适宜收获期内含水率应不超过25%；与主栽对照的产量水平相比，应高于该地区玉米生产水平。在玉米机械化全程生产种植过程中，要求玉米种子有着较高的萌芽率及生长活力，能满足精量播种的实际要求。同时，由于除草剂在玉米种植方面的大量使用，能对玉米正常生长造成一定程度的影响，因此在对玉米品种进行选择时，应当选择耐除草剂品种。

（五）爆裂玉米

20世纪80年代，随着改革开放和我国居民生活水平的提高，美国爆裂玉米花通过哈立克企业（香港）有限公司开始进入中国大陆，爆裂玉米作为一种精美而营养的现代零食而深受消费者喜爱。2020年，我国爆裂玉米种植面积稳定在20万亩左右。未来发展趋势是订单化、规模化、机械化、标准化，进而实现工业化生产，原料玉米和各种膨化食品都具有很大的发展潜力。纵观我国爆裂玉米研究，品种和育种技术已经达到世界先进水平。但目前我国还没有适合机械化收获籽粒的爆裂玉米品种。此外，随着人们生活水平的不断提高，消费理念的改变，爆裂玉米这种纯天然、高营养的新型零食必将受到越来越多的青睐，产业规模和发展潜力巨大。

第四部分

大　豆

第八章　2020年我国大豆生产形势

一、2020年我国大豆生产概况

（一）大豆生产水平和竞争力持续提升

得益于大豆产业振兴计划的实施，大豆单产、总产创历史新高，生产水平和竞争力得以持续提升。2020年我国大豆种植面积为1.48亿亩，比2019年增加825万亩，增长5.9%，已经恢复至近年来的最高水平；总产量为1 960万t，比2019年增加约150万t，增长8.3%，总产创历史新高；单产为132 kg/亩，比2019年增加3.1 kg/亩，增长2.3%（图8-1）。

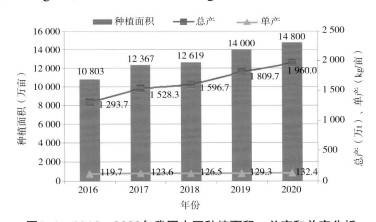

图8-1　2016—2020年我国大豆种植面积、总产和单产分析

（二）大豆进口量再创历史新高

2020年我国进口大豆再创历史新高，并首次突破1亿t，达到10 032.7万t（图8-2），较上年度增加1 181.4万t，增长13.3%，主要归因于国内生猪产能的恢复。在进口结构方面，巴西仍为我国进口大豆第一大来源国，进口量为6 427.8万t，较上年度增加660.3万t，增长11.4%；从美国进口大豆2 588.8万t，较2019年度增加894.4万t，增长52.8%。另外，阿根廷、加拿大、俄罗斯和乌拉圭依然是我国进口大豆的来源国，但增幅有限，扩大进口来源地

任重道远。2020年，我国大豆出口7.3万t，较去年同期减少3.5万t，下降32.4%。

图8-2　2016—2020年我国大豆依存度分析

二、2020年我国大豆品种推广应用特点

（一）品种分布情况

总体来看，品种数量较多且相对集中于主产区，推广应用面积较大的品种仍然偏少。据统计，2020年我国大豆主产区推广面积10万亩以上品种239个，较2019年增加24个，累计推广面积10 144万亩。其中：推广面积200万亩以上品种有8个，较2019年减少1个，分别为黑河43、克山1号、登科5号、合农95、黑农84、中黄13、齐黄34和金源55，累计推广面积2 819万亩；推广面积100万～199万亩品种有11个，累计推广面积1 474万亩；推广面积50万～99万亩品种有24个，累计推广面积1 635万亩；推广面积20万～49万亩品种90个，累计推广面积2 763万亩；推广面积10万～19万亩品种106个，累计推广面积1 453万亩（图8-3）。推广面积5万亩以上的品种总播种面积1.1亿亩（占全国大豆播种面积的75.7%），这些品种具有熟期适中、丰产稳产性好、适宜性广、耐逆性强、籽粒商品性优等特点。

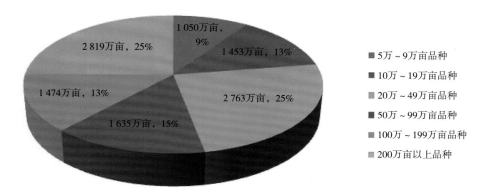

图8-3　2020年我国主推大豆品种应用情况

（二）推广面积前10位品种应用情况

2020年推广面积前10位品种共推广3 152万亩，占主推品种面积的28.16%，占全国大豆播种面积的21.3%；品种分别是黑河43、克山1号、登科5号、合农95、黑农84、中黄13、齐黄34、金源55、合农76和冀豆12，推广面积分别为1 042万亩、299万亩、279万亩、277万亩、248万亩、240万亩、228万亩、206万亩、168万亩和165万亩（图8-4）。这些品种均为国产大豆，主要分布于东北春大豆和黄淮海夏大豆生产区，品种具有丰产、稳产、优质、抗病性强等特点（表8-1）。

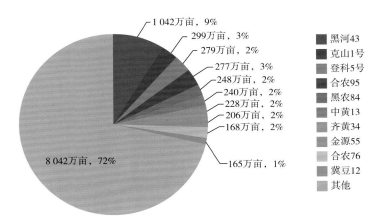

图8-4　2020年我国推广面积前10位大豆品种应用情况

表8-1　2020年我国推广面积前10位品种的主要特点

序号	品种名称	面积占比（%）	主要推广种植区域	品种主要特点	是否国外品种	种子是否进口
1	黑河43	9.3	黑龙江第四积温带及内蒙古呼伦贝尔市≥10℃活动积温2 200℃·d以上等地区春播种植	丰产、稳产、抗病性强	否	否
2	克山1号	2.7	黑龙江第三积温带下限和第四积温带、内蒙古呼伦贝尔中部和南部等地区春播种植	优质、丰产、稳产，注意防控花叶病毒病及灰斑病	否	否
3	登科5号	2.5	内蒙古≥10℃活动积温2 100℃·d以上地区种植	早熟、优质、丰产、稳产	否	否
4	合农95	2.5	黑龙江第三积温带下限和第四积温带、吉林东部山区、内蒙古呼伦贝尔东南部、新疆北部春播种植	早熟、高产、丰产、稳产	否	否
5	黑农84	2.2	黑龙江第二积温带地区春播种植	丰产、稳产、抗病性强	否	否

（续表8-1）

序号	品种名称	面积占比（％）	主要推广种植区域	品种主要特点	是否国外品种	种子是否进口
6	中黄13	2.1	黄淮海安徽、河南、山东、江苏、甘肃、陕西等及长江流域湖北、湖南等地区夏播种植	早熟、丰产、稳产、适应性广	否	否
7	齐黄34	2.0	黄淮海地区山东、安徽、江苏等地区夏播种植	丰产、稳产、适应性广、抗病性强	否	否
8	金源55	1.8	黑龙江省第三积温带下限和第四积温带种植	丰产、稳产、适应性广	否	否
9	合农76	1.5	黑龙江省第二积温带和第三积温带上限、吉林省延边部分地区、内蒙古兴安盟中部和新疆昌吉地区春播种植	丰产、稳产、适应性广	否	否
10	冀豆12	1.5	黄淮海河北、山东北部、北京、天津等地区夏播种植	优质、丰产、稳产、适应性广	否	否

（三）品种品质特性

2020年推广面积10万亩以上的238个主推品种中，优质品种97个，占40.8%，推广面积3 380万亩，占主推品种面积30.1%。其中，高油品种61个，占21.9%，推广面积2 294万亩，主要推广于北方春大豆产区；高蛋白品种36个，占14.4%，推广面积1 086万亩（图8-5）。

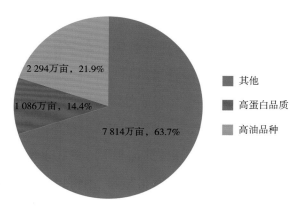

图8-5　2020年我国主推大豆品种品质分析

（四）品种更新换代

对2018—2020年我国主要大豆生产区域推广面积前10位品种的推广年数进行分析：北方春大豆区平均推广年数分别为6.5年、5.8年和7.4年，品种更新换代呈稳定趋势，其中推广年数超过10年的品种仅有2个（黑河43和克山1号）；黄淮海夏大豆区平均推广年数分别为11.8

年、11.3年和11.3年，其中推广年数超过10年的品种有6个（冀豆12、中黄13、中黄37、菏豆19号、临豆10号和中黄57）；南方多熟制大豆产区平均推广年数分别为13.5年、12.2年、10.9年，其中推广年数超过10年的品种有4个（贡选1号、中黄13、中黄39和鄂豆8号），品种更新换代呈加速趋势（表8-2）。从以上结果可以看出，研究期内总体来看，我国大豆品种除北方春大豆产区外，黄淮海夏大豆和南方多熟制大豆产区品种更新换代相对缓慢。

表8-2　2018—2020年我国大豆品种更新换代分析

推广区域	2018年			2019年			2020年		
	品种名称	初次审定年份	推广年数	品种名称	初次审定年份	推广年数	品种名称	初次审定年份	推广年数
北方春大豆产区	黑河43	2007	12	黑河43	2007	13	黑河43	2007	14
	克山1号	2009	10	合农95	2016	4	克山1号	2009	12
	合农95	2016	3	黑农84	2017	3	登科5号	2012	9
	合农75	2015	4	合农75	2015	5	合农95	2016	5
	合农69	2014	5	绥农44	2016	4	黑农84	2017	4
	黑农48	2004	15	绥农42	2016	4	金源55	2013	8
	绥农44	2016	3	克山1号	2009	11	合农76	2015	6
	合农76	2015	4	绥农52	2017	3	东生7	2012	9
	绥农52	2017	2	合农69	2014	6	绥农52	2017	4
	东生7	2012	7	合农76	2015	5	东农63	2018	3
	平均		6.5	平均		5.8	平均		7.4
黄淮海夏大豆产区	中黄13	2000	19	中黄13	2000	20	中黄13	2000	21
	齐黄34	2012	7	齐黄34	2012	8	齐黄34	2012	9
	冀豆12	1996	23	冀豆12	1996	24	冀豆12	1996	25
	中黄37	2006	13	中黄37	2006	14	菏豆33号	2019	2
	菏豆19号	2010	9	菏豆33号	2019	1	中黄37	2006	15
	临豆10号	2010	9	菏豆19号	2010	10	菏豆19号	2010	11
	中黄57	2010	9	临豆10号	2010	10	临豆10号	2010	11
	农大豆2号	2014	5	中黄57	2010	10	中黄57	2010	11
	周豆19	2010	10	农大豆2号	2014	6	周豆23	2015	6
	周豆18	2009	10	郑196	2005	14	郑1307	2019	2
	平均		11.8	平均		11.3	平均		11.3

（续表8-2）

推广区域	2018年			2019年			2020年		
	品种名称	初次审定年份	推广年数	品种名称	初次审定年份	推广年数	品种名称	初次审定年份	推广年数
南方多熟制大豆产区	中黄13	2005	14	中黄13	2005	15	中黄13	2005	16
	南豆12	2008	11	贡选1号	2000	20	桂夏7号	2015	6
	贡选1号	2000	19	桂夏7号	2015	5	中黄39	2010	11
	五月黄	—	—	中黄39	2010	10	贡选1号	2000	21
	鄂豆8号	2005	14	鄂豆8号	2005	15	桂春15	2015	6
	南豆24	2013	6	贡秋豆5号	2012	8	贡秋豆5号	2012	9
	鄂豆4号	1989	30	渝豆1号	1998	22	南豆24	2013	8
	南夏豆25	2013	6	桂春15	2013	7	鄂豆8号	2005	16
	金大豆626	2009	10	桂春8号	2007	13	南夏豆25	2013	8
	辽鲜1号	2007	12	贡秋豆8号	2013	7	贡秋豆8号	2013	8
	平均		13.5	平均		12.2	平均		10.9

三、品种存在的主要问题

（一）品种适应性、大面积种植产量水平和稳定性亟待提升

2020年我国自主选育的一些大豆品种在单产上取得了明显的提升，如吉育86品种在新疆石河子创造了亩产453.54 kg的我国大豆单产记录；合农71在黑龙江省和平牧场实收面积5.2亩，取得亩产336.2 kg产水平，刷新东北地区大豆实收单产纪录；郑1307品种在河南省辉县实收面积110亩，取得亩产309.24 kg。但在大面积规模生产上目前大部分主推品种总体单产水平仍在200 kg左右，与世界其他大豆主产国相比，整体产量水平还较低。品种产量除了受自然气候不稳定、生产条件差、管理水平低等因素影响外，主要还是优良种质资源挖掘不够、种质资源创新能力不足、超高产新品种遗传改良进度低、品种更新换代缓慢等方面因素造成的。

（二）种质资源原始创新少，突破性品种缺乏

目前，我国大豆种质资源创新进程缓慢，具有原始创新品种少之又少，育种实践始终徘徊在简单重复怪圈，新品种间遗传差异较小，同质化程度高，在推广过程中很难有突破性表现。将近10年的品种放到一起比较，诸如黑河43、克山1、中黄13、冀豆12、贡选1号和鄂

豆 8 号等老品种，仍然占据较大推广面积。通过品种应用推广现状可以看出，大豆种质资源和品种创新亟须从头突破，不只是在种质资源收集、鉴定和利用方面下大功夫，在育种技术提升、品种配套栽培技术集成和智能农业机械应用等方面都应逐步完善，形成集种质资源保护、鉴定、利用、创新和推广为一体的突破性品种选育与推广体系，扭转我国种质资源创新方面的落后局面。

（三）专用、特用型高品质加工型品种不足

区别于国外进口大豆的饲用，我国大豆的生产目标为食用和加工，不同的食用方式和加工需求对大豆品种品质特性要求不同。但由于以往片面强调品种产量水平，忽视了不同类型品种在食用和加工上的品质特点，导致优质品种、特用品种等在生产上缺乏，严重削弱了我国食用大豆的品质优势。目前，我国特用型、专用型大豆育种和推广主要集中在鲜食大豆、无腥味大豆、高油酸大豆、豆浆豆和豆腐专用大豆等方面，对于一些高附加值特用型大豆，如高异黄酮、高维生素 E、蛋白粉专用豆等方面育种和推广欠缺，对于低抗营养因子饲料大豆育种和推广也没有纳入特用型大豆种质资源创新和推广体系。

（四）适于大面积机械化、智能化生产的品种缺乏

随着规模化经营和智能机械化应用的不断发展，生产方式对品种特性提出新的要求，品种农机农艺高度融合的全程机械化生产成为必然发展趋势。目前，耐密抗倒、底荚高度适宜、落叶完全、抗裂荚性强、适宜全程机械化生产的品种有待进一步筛选。育种技术和育种方法没能跟上机械化和智能化发展步伐，我国多数育种单位现有育种平台，在智能化、数字化、机械化程度上都很落后。选育的品种很难适应迅速发展和应用的农艺和农机高水平技术体系，所以，必须加快我国大豆各适应区域育种平台建设，提高育种水平，使之适应大豆产业飞速发展的智能化、机械化潮流。

（五）品种抗病虫特性有待加强

随着种植制度和生产方式的变革，原有的农田生态平衡发生显著变化，病虫害的发生发展产生新的演变，新病虫害的突发或次要病虫害的猖獗等问题给大豆生产带来了新的挑战，严重威胁大豆生产安全。原来的检疫性病害，大豆灰斑病、病毒病、大豆胞囊线虫病在多年来高压检疫之下已经很难对生产构成严重威胁，大豆疫霉根腐病、菌核病、锈病、霜霉病等一些不经常发生的病害有抬头和蔓延趋势，每年都有局部地区大面积发生，甚至影响很大，值得重点关注。针对新的病虫害发生形势，品种病虫抗性亟待加强。近 2 年来，我国北部地区大豆连作面积较大，苋菜、菟丝子和野生大豆等植物在大豆田中很难通过除草剂去除，逐

渐形成顽固性大豆田杂草群体，对大豆的产量、品质影响很大，亟须在技术层面解决。

（六）商业化品种少，种业公司育种体系尚未建立

随着我国农作物品种选育主体的变化及品种审定制度的逐步完善，商业化育种将呈必然的发展趋势。但目前我国大豆品种选育上仍以科研院所和高校为主体，商业化育种占有率不足10%。目前，我国拥有商业化育种平台的种业公司很少，在育种平台建设、育种技术提升、育种体系建立等方面肯投入大力气的种业公司就更少。大多种业公司均以和科研院所合作为基础，进行新品种研发和推广，这一过程的紧密程度决定了种业的发展势头和潜力。

第九章 当前我国大豆各主产区推广的主要品种类型及表现

一、北方春大豆主产区

（一）本区概述

该区域包括我国黑龙江、吉林、辽宁、内蒙古、宁夏等省份及河北、山西、陕西、甘肃、新疆等省份部分区域。品种主要类型为春大豆，油分含量高；亚有限结荚习性品种居多，主茎结荚为主，株高在85～120 cm，适合垄上栽培技术；品种百粒重在20 g左右，适合播种机械的作业。该区域品种应注意灰斑病、根腐病、胞囊线虫防控。

（二）品种审定情况

2020年国审大豆品种25个，较2019年增加14个，其中，高产稳产品种17个，占审定品种的68.0%；高油（≥21.5%）品种8个，占审定品种的32.0%。15个品种由科教单位育成，占60.0%；5个品种由科教单位和企业联合育成，占20.0%；5个品种由企业育成，占20.0%。省审大豆品种153个，较2019年增加8个，其中高产、稳产品种84个，占审定品种的54.9%；高蛋白（≥43.0%）品种16个，占审定品种的10.5%；高油（≥21.5%）品种20个，占审定品种的13.1%；特用型（鲜食、芽豆、彩色豆等）品种33个，占审定品种的21.6%。97个品种由科教单位育成，占63.4%；12个品种由科教单位和企业联合育成，占7.8%；44个品种由企业或个人育成，占28.8%。

（三）主要推广品种情况

2020年该区域推广面积50万亩以上的大豆品种35个（表9-1），推广面积4 919万亩，占该区域推广面积的60.5%；其中200万亩以上品种有6个，推广面积100万～199万亩品种有9个，推广面积50万～99万亩品种有20个。

表9-1　北方春大豆主要推广品种分析

品种名称	选育单位	优缺点	推广应用变化	风险提示
黑河43	黑龙江省农业科学院黑河农业科学研究所	丰产, 稳产, 适应性广, 抗病性强	2020年推广面积1 042万亩, 较2019年减少17万亩	
克山1号	黑龙江省农业科学院克山分院	丰产, 稳产, 中感花叶病毒病及灰斑病	2020年推广面积299万亩, 较2019年增加92万亩	花叶病毒病1号和3号株系及灰斑病重发区, 不宜种植或加强防治
登科5号	莫旗登科种业有限责任公司、呼伦贝尔市种子管理站	丰产, 稳产, 抗病性较强, 高油	2020年推广面积279万亩, 较2019年增加129万亩	花叶病毒病重发区, 需加强防治
合农95	黑龙江省农业科学院佳木斯分院	丰产, 稳产, 抗病性强	2020年推广面积277万亩, 较2019年增加23万亩	
黑农84	黑龙江省农业科学院	丰产, 稳产, 抗病性强, 高油	2020年推广面积248万亩, 较2019年减少19万亩	
金源55	黑龙江省农业科学院黑河分院	丰产, 稳产, 中感灰斑病	2020年推广面积206万亩, 较2019年增加130万亩	灰斑病重发区, 不宜种植或需加强防治
合农76	黑龙江省农业科学院佳木斯分院、黑龙江省合丰种业有限责任公司	丰产, 稳产, 抗病性强	2020年推广面积168万亩, 较2019年增加15万亩	
东生7	中国科学院东北地理与农业生态研究所	丰产, 稳产, 抗病性强	2020年推广面积155万亩, 较2019年增加24万亩	
绥农52	黑龙江省农业科学院绥化分院	丰产, 稳产, 抗病性强	2020年推广面积149万亩, 较2019年减少27万亩	
东农63	东北农业大学	丰产, 稳产, 抗病性较强	2020年推广面积102万亩, 较2019年减少42万亩	
绥农44	黑龙江省农业科学院绥化分院、黑龙江省龙科种业集团有限公司	丰产, 稳产, 抗病性强	2020年推广面积129万亩, 较2019年减少94万亩	
合农75	黑龙江省农业科学院佳木斯分院、黑龙江省合丰种业有限责任公司	丰产, 稳产, 抗病性强, 高油	2020年推广面积120万亩, 较2019年减少113万亩	
绥农42	黑龙江省农业科学院绥化分院	丰产, 稳产, 抗病性强	2020年推广面积117万亩, 较2019年减少104万亩	
合农69	黑龙江省农业科学院佳木斯分院、黑龙江省合丰种业有限责任公司	丰产, 稳产, 抗病性强	2020年推广面积108万亩, 较2019年减少58万亩	

品种名称	选育单位	优缺点	推广应用变化	风险提示
黑河45	黑龙江省农业科学院黑河农业科学研究所	丰产，稳产，抗病性强	2020年推广面积107万亩，较2019年减少12万亩	
东生1号	中国科学院东北地理与农业生态研究所	丰产，稳产，抗病性强	2020年推广面积96万亩，较2019年减少32万亩	
合农85	黑龙江省农业科学院佳木斯分院	丰产，稳产，抗病性强，高油	2020年推广面积95万亩，较2019年增加27万亩	
北豆40	北安市华疆种业有限责任公司、黑龙江省农垦科研育种中心华疆科研所	丰产，稳产，抗病性较强	2020年推广面积93万亩，较2019年增加39万亩	
中黄901	中国农业科学院作物科学研究所	丰产，稳产，抗病性较强	2020年推广面积89万亩	
绥农48	黑龙江省农业科学院绥化分院	丰产，稳产，抗病性较强，高油	2020年推广面积84万亩，较2019年增加20万亩	
华疆2号	北安市华疆种业有限责任公司	丰产，稳产，感灰斑病	2020年推广面积78万亩，较2019年减少6万亩	灰斑病重发区，不宜种植或需加强防治
绥农76	黑龙江省农业科学院绥化分院	丰产，稳产，抗病性较强，高蛋白	2020年推广面积74万亩，较2019年增加19万亩	
蒙豆1137	呼伦贝尔市农业科学研究所	丰产，稳产	2020年推广面积72万亩	
黑农48	黑龙江省农业科学院大豆研究所	丰产，稳产，抗病性较强	2020年推广面积96万亩，较2019年减少28万亩	
黑河52	黑龙江省农业科学院黑河分院	丰产，稳产，抗病性较强	2020年推广面积64万亩，较2019年减少1万亩	
绥农26	黑龙江省农业科学院绥化分院	丰产，稳产，抗病性强，高油	2020年推广面积61万亩，较2019年减少15万亩	
垦农18	黑龙江省八一农垦大学科学研究所	丰产，稳产，抗病性较强，高油	2020年推广面积61万亩	
蒙豆359	呼伦贝尔市农业科学研究所	丰产，稳产，抗病性较强	2020年推广面积59万亩	
北疆九一号	黑龙江生物科技职业学院、省农垦总局九三科研所	丰产，稳产	2020年推广面积56万亩	
登科15	莫力达瓦达斡尔族自治旗登科种业有限责任公司	丰产，稳产，抗病性较强	2020年推广面积55万亩	

（续表9-1）

品种名称	选育单位	优缺点	推广应用变化	风险提示
黑河35	黑龙江省农业科学院黑河农业科学研究所	丰产，稳产，抗病性强	2020年推广面积55万亩，较2019年减少39万亩	
晨环1号	绥化晨环生物科技公司	丰产，稳产，抗病性较强，高蛋白	2020年推广面积54万亩	
登科4号	莫力达瓦达斡尔族自治旗登科种业有限责任公司	丰产，稳产，抗病性较强	2020年推广面积51万亩	
嫩奥5号	嫩江县远东种业有限责任公司	丰产，稳产，抗病性较强	2020年推广面积66万亩，较2019年减少15万亩	
黑科60号	黑龙江省农业科学院黑河分院	丰产，稳产，抗病性较强	2020年推广面积50万亩	

二、黄淮海夏大豆主产区

（一）本区概述

该区域包括河南、山东、河北、天津、北京、安徽（淮河以北）、江苏（淮河以北）、山西（南部）、陕西（关中）、甘肃（陇南）等省份。品种主要类型为夏大豆，生育期100～110 d，有限或亚有限品种为主，籽粒中、大粒型。该区域品种应注意点蜂缘蝽、飞虱、蚜虫、胞囊线虫、拟茎点茎枯、根腐病等防控

（二）品种审定情况

2020年国审大豆品种17个，较2019年增加1个。其中，高产、稳产品种16个，占审定品种的94.1%；高蛋白（≥45.0%）品种1个，占审定品种的5.9%。14个品种由科教单位育成，占82.4%；1个品种由科教单位和企业联合育成，占5.9%；2个品种由企业育成，占11.8%。省审大豆品种57个，较2019年增加2个，其中高产稳产品种42个，占审定品种的73.7%；高蛋白（≥45.0%）品种2个，占审定品种的3.5%；高油（≥21.5%）品种7个，占审定品种的12.3%；特用型（鲜食、饲用、彩色豆等）品种8个，占审定品种的14.0%。33个品种由科教单位育成，占57.9%；8个品种由科教单位和企业联合育成，占14.0%；16个品种由企业或个人育成，占28.1%。

（三）主要推广品种情况

2020年该区域推广面积20万亩以上的大豆品种32个（表9-2），推广面积1 649万亩，占

该区域推广面积的72.1%；其中推广面积100万亩以上品种有4个，推广面积50万～99万亩品种有4个，推广面积20万～49万亩品种有24个。

表9-2　黄淮海夏大豆主要推广品种分析

品种名称	选育单位	优缺点	推广应用变化	风险提示
齐黄34	山东省农业科学院作物研究所	丰产，稳产，抗病性强	2020年推广面积228万亩，较2019年增加16万亩	
中黄13	中国农业科学院作物科学研究所	丰产，稳产，抗病性强	2020年推广面积173万亩，较2019年减少166万亩	花叶病毒3号和7号株系引起的病害的重发区，需加强防治
冀豆12	河北省农林科学院粮油作物研究所	丰产，稳产，抗病性强，高蛋白	2020年推广面积165万亩，较2019年减少2万亩	
菏豆33	山东省菏泽市农业科学院	丰产，稳产，抗病性强	2020年推广面积75万亩，较2019年增加37万亩	
中黄37	中国农业科学院作物科学研究所	丰产，稳产，抗病性较强	2020年推广面积80万亩，较2019年减少22万亩	
菏豆19	山东省菏泽市农业科学院	丰产，稳产，抗病性强	2020年推广面积67万亩，较2019年减少7万亩	花叶病毒病3和7号株系引起的病害重发区，需加强防治
临豆10号	山东省临沂市农业科学院	丰产，稳产，抗病性强	2020年推广面积63万亩，较2019年减少9万亩	
中黄57	中国农业科学院作物科学研究所	丰产，稳产，抗病性强	2020年推广面积56万亩，较2019年增加2万亩	
周豆23	周口市农业科学院	丰产，稳产	2020年推广面积48万亩	
郑1307	河南省农业科学院经济作物研究所	丰产，稳产，抗病性强	2020年推广面积47万亩	
晋豆23号	山西省农业科学院经济作物研究所	丰产，稳产，抗旱，抗病性强	2020年推广面积44万亩	
中作豆1号	中国农业科学院作物科学研究所	耐密、高油	2020年推广面积32万亩，较2019年增加10万亩	
科豆2号	中国科学院遗传与发育生物学研究所	丰产，稳产	2020年推广面积36万亩	
周豆21	河南省周口市农业科学研究所	丰产，稳产，抗病性强	2020年推广面积33万亩，较2019年增加10万亩	
冀豆17	河北省农林科学院粮油作物研究所	丰产，稳产，抗病性较强，高油	2020年推广面积33万亩，较2019年增加12万亩	花叶病毒8号株系引起的花叶病毒病和胞囊线虫病重发区，需加强防治

（续表9-2）

品种名称	选育单位	优缺点	推广应用变化	风险提示
周豆18	周口市农业科学院	丰产，稳产，抗病性强，高油	2020年推广面积31万亩，较2019年减少9万亩	花叶病毒7号株系引起的病害重发区，需加强防治
菏豆12	山东省菏泽市农科所	丰产，稳产，抗病性强	2020年推广面积30万亩，较2019年增加8万亩	
皖豆15	安徽省潘村湖农场	早熟，丰产，稳产，抗病性强，高蛋白	2020年推广面积29万亩	
连枷条黑豆	—	丰产，稳产	2020年推广面积28万亩，较2019年减少8万亩	
徐豆20	江苏徐淮地区徐州农业科学研究所	丰产，稳产，抗病性较强	2020年推广面积27万亩，较2019年减少4万亩	
洛豆1号	洛阳市农林科学院	丰产，稳产，抗病性较强	2020年推广面积27万亩	
农大豆2号	河北农业大学	丰产，稳产，抗病性较强	2020年推广面积29万亩，较2019年减少19万亩	田间抗病性较强，在病虫害常发区，加强田间防治
徐豆18	江苏徐淮地区徐州农业科学研究所	丰产，稳产，抗病性强	2020年推广面积25万亩，较2019年减少8万亩	
菏豆23	山东省菏泽市农业科学院	丰产，稳产，抗病性较强	2020年推广面积24万亩，较2019年增加1万亩	
濮豆857	濮阳市农业科学院	丰产，稳产，抗病性强	2020年推广面积25万亩，较2019年减少7万亩	
商豆151	商丘市农林科学院	丰产，稳产	2020年推广面积23万亩	
邯豆11	邯郸市农业科学院	丰产，稳产，抗病性较强	2020年推广面积22万亩，与2019年相当	
祥丰4号	山东祥丰种业有限责任公司	丰产，稳产，抗病性强	2020年推广面积22万亩	
豫豆22	河南省农业科学院经济作物研究所	丰产，稳产，抗病性强，高蛋白	2020年推广面积21万亩，较2019年减少16万亩	
菏豆13	山东省菏泽市农业科学院	丰产，稳产，抗病性较强	2020年推广面积21万亩，较2019年减少11万亩	
郑196	河南省农业科学院经济作物研究所	丰产，稳产，抗病性强	2020年推广面积20万亩，较2019年减少7万亩	

（续表9-2）

品种名称	选育单位	优缺点	推广应用变化	风险提示
周豆19	周口市农业科学院	丰产，稳产，抗病性较强，高油	2020年推广面积20万亩，较2019年减少21万亩	

三、南方多熟制大豆主产区

（一）本区概述

该区域包括江苏（南部）、安徽（南部）及湖北、湖南、浙江、江西、广东、广西、福建、四川、云南、贵州、重庆等省份。品种类型丰富，有春、夏、秋大豆，也是我国鲜食大豆主产区。该区域品种应注意防止植株倒伏，防控根腐病、炭疽病发生等。

（二）品种审定情况

2020年国审大豆品种6个，较2019年增加2个，其中高产稳产品种3个，占审定品种的50.0%；高蛋白（≥45.0%）品种2个，占审定品种的33.3%；特用型（鲜食）品种1个，占审定品种的16.7%。4个品种由科教单位育成，占66.7%；1个品种由科教单位和企业联合育成，占16.7%；1个品种由企业育成，占16.7%。省审大豆品种56个，较2019年增加16个。其中高产稳产品种14个，占审定品种的25.0%；高蛋白（≥45.0%）品种9个，占审定品种的16.1%；高油（≥21.5%）品种6个，占审定品种的10.7%；特用型（鲜食、彩色豆等）品种27个，占审定品种的48.2%。38个品种由科教单位育成，占67.8%；9个品种由科教单位和企业联合育成，占16.1%；9个品种由企业育成，占16.1%。

（三）主要推广品种情况

2020年该区域推广面积20万亩以上的大豆品种12个（表9-3），推广面积365万亩，占该区域推广面积的46.8%；其中推广面积50万亩以上品种有1个，推广面积20万～49万亩品种有11个。

表9-3　南方多熟制大豆主要推广品种分析

品种名称	选育单位	优缺点	推广应用变化	风险提示
中黄13	中国农业科学院作物科学研究所	丰产，稳产，抗病性较强	2020年推广面积65万亩，较2019年增加5万亩	花叶病毒3和7号株系引起的病害重发区，需加强防治

（续表9-3）

品种名称	选育单位	优缺点	推广应用变化	风险提示
桂夏7号	广西壮族自治区农业科学院经济作物研究所、广西壮族自治区农业科学院玉米研究所	丰产，稳产	2020年推广面积47万亩，较2019年增加14万亩	
中黄39	中国农业科学院作物科学研究所	丰产，稳产，抗病性较强，蛋白质含量高	2020年推广面积31万亩，较2019年增加7万亩	
贡选1号	自贡市农科所	丰产，稳产，抗病性强,高蛋白	2020年推广面积34万亩，与2019年相当	
桂春15	广西农业科学院玉米研究所	丰产，稳产；适宜间套作种植	2020年推广面积20万亩，较2019年增加8万亩	
贡秋豆5号	自贡市农业科学研究所	丰产，稳产，抗病性强，高蛋白	2020年推广面积22万亩，较2019年增加1万亩	
南豆24	南充市农业科学研究所	丰产，稳产，抗病性强,高蛋白	2018年推广面积23万亩	
鄂豆8号	仙桃市国营九合垸原种场	丰产，稳产，抗病性较强	2020年推广面积23万亩，较2019年减少1万亩	轻感斑点病，需在雨水旺盛期加强病害防治
南夏豆25	南充市农业科学院	丰产，稳产，抗病性强,高蛋白	2020年推广面积22万亩	
贡秋豆8号	自贡市农业科学研究所	早熟，丰产，稳产，高蛋白	2020年推广面积21万亩	
渝豆1号	忠县科委、重庆市土肥站	丰产，稳产，抗病性强	2020年推广面积21万亩，较2019年减少1万亩	
南夏豆27	南充市农业科学院	丰产，稳产，高蛋白	2020年推广面积20万亩	

第十章 我国大豆种业发展趋势

一、科企合作深度融合，推动大豆种业体系的逐步完善

种子企业与科研单位、高等院校等公益性育种单位联合，通过资源共享、人员共享、实验平台共享，开展合作育种、委托育种、品种权转让、技术入股和收购育种单位等多种办法，加快大豆新品种培育和推广力度。同时，加大对大豆种子企业的扶持力度，逐步实现种子企业以自主培育新品种和良种繁育为主，科研单位、高等院校等公益性单位以种质资源创新、育种基础性研究为主的新模式，推动以企业商业化育种与公益性科研支撑相结合的种业技术体系的完善。

二、资源精准评价、创新与利用，支撑大豆育种水平的持续提高

大豆种质资源的收集、评价与创新得以加强。优异种质资源创制与利用、重要性状相关优良基因的挖掘、性状形成演化规律的阐明，为现代化大豆育种提供优异资源、优良基因及高效选择方法，促进大豆新品种培育和基础理论研究的发展，支撑大豆育种水平的持续提高。

三、建设现代育种技术体系，提升大豆育种的效率和精度

针对我国主要生态区大豆生产中迫切需要解决的产量低、品质差、适应性低等问题，研究大豆产量相关性状、重要品质性状、主要适应性性状的分子调控基础等关键问题。创新和优化大豆分子标记辅助选择、基因编辑技术、转基因技术、全基因组选择等现代生物育种技术，构建常规育种和生物技术紧密结合的大豆育种技术体系，加强大豆育种的机械化、规模化、信息化、智能化建设，提高大豆育种的精度和效率。

四、培育突破性新品种，提高大豆的综合产能和效益

培育适应不同区域栽培的高产、优质、专用、抗病虫、抗逆、广适性的突破性大豆新品种。针对不同生态区育成的"核心品种"，围绕影响大豆产量、品质和效益的水肥管理、栽培调控、植物保护等技术进行优化、集成、组装及配套，形成适用于核心品种配套的增产、增效生产技术体系。通过良种与良法配套，充分挖掘新品种的增产潜力，提高大豆的综合产能和效益。

五、逐步健全种子生产和服务体系，保障大豆供种能力和水平

在不同生态区，规模化测试网络和测试体系的建设，提高大豆品种测试能力；研究大豆规模化良种生产和繁殖技术，强化大豆种子加工与质量控制技术体系建设，提高种子质量和种子生产效率；现代商业化育种体系、现代种子生产体系和现代种子服务体系的建设，保障大豆供种能力和水平，促进国产优质食用大豆高质量发展。

第五部分
棉　花

第十一章　2020年我国棉花生产概况

一、2020年我国棉花生产形势

（一）棉花种植面积与产量情况

近年来，植棉面积下降，产量持平略增。据国家统计局数据，2020年全国棉花种植面积为4 757.9万亩，较2019年下降5.0%（表11-1）。新疆维吾尔自治区与新疆生产建设兵团（以下统称为新疆棉区）植棉面积小幅下降，内地棉花播种面积继续下滑。2020年新疆棉区植棉面积为3 752.9万亩，较上年度减少1.5%。虽然地方政府通过调整农业用水价格和限制"退地减水"区棉花供水等措施，引导农户减少棉花种植，但受目标价格补贴政策支撑，实际植棉面积减少幅度有限。从全国植棉区气候条件看，西北棉区在棉花生长期间，光温条件良好，自然灾害轻度发生，总体生长条件好于2019年同期。长江流域降水偏多，影响棉花长势，产量受到一定的不利影响。黄河流域光热总体适宜，部分棉区出现阶段性多雨寡照天气，造成棉花蕾铃脱落或发生烂铃，但总体影响有限。据国家棉花产业技术体系对全国棉花生产调研发现，长江流域棉花平均收获密度为1 678.1株/亩，黄河流域棉花平均收获密度为4 211.1株/亩，西北内陆棉花平均收获密度为11 795.7株/亩。2020年全国皮棉单产为124.3 kg/亩，同比增长5.7%；棉花总产量约591万t，同比增长0.4%。

表11-1　2020年全国棉花生产总体情况

棉区	省（区、市）	播种面积（万亩）	面积占比（%）	单位面积产量（kg/亩）	为全国单产水平（%）	总产量（万t）	总产占比（%）
黄河流域	山东	214.4	4.5	85.4	68.7	18.3	3.1
	河北	283.8	6.0	73.5	59.1	20.9	3.5
	河南	24.3	0.5	72.9	58.7	1.8	0.3
	天津	13.2	0.3	76.1	61.2	1	0.2
	山西	1.7	0.0	91.8	73.9	0.2	0.0

（续表11-1）

棉区	省 （区、市）	播种面积 （万亩）	面积占比 （%）	单位面积产量 （kg/亩）	为全国单产水平 （%）	总产量 （万t）	总产占比 （%）
西北	新疆	3 752.9	78.9	137.5	110.6	516.1	87.3
	甘肃	24.9	0.5	121.0	97.4	3	0.5
长江流域	湖北	194.6	4.1	55.4	44.6	10.8	1.8
	安徽	76.8	1.6	53.4	43.0	4.1	0.7
	湖南	89.3	1.9	83.5	67.2	7.4	1.3
	江西	52.5	1.1	100.8	81.1	5.3	0.9
	江苏	12.6	0.3	84.6	68.1	1.1	0.2
	浙江	7.2	0.2	95.1	76.5	0.7	0.1
	四川	3.5	0.1	63.3	51.0	0.2	0.0
全国	总计	4 754.9	100	124.3	100	591	100

注：数据来源于国家统计局。

（二）棉花生产变化动态

棉花质量下滑明显。据中国纤维质量监测中心数据统计，2020年，纤维长度28 mm及以上占比79.1%、马克隆值（A+B）占比73.3%、断裂比强度S2级及以上占比20.5%，分别比2019年同期低14.2个百分点、13.7个百分点和14.0个百分点。棉花纤维品质下降的可能原因有：一是新疆生产建设兵团实行改制后，取消了原有的"五统一"棉花种植管理模式，棉花品种与生产管理力度减弱。二是2020年新疆旱情较重，部分地区缺水现象突出，棉花早衰或生长不充分。三是受新冠肺炎疫情影响，棉花生产管理不到位。四是受价格上涨影响，部分棉农提前采摘，棉花含水量和杂质超标较多。

内地植棉面积持续萎缩。受国家棉花生产补贴政策向新疆棉区倾斜，劳动力成本快速上升和植棉比较收益下降等因素影响，长江流域和黄河流域植棉面积持续萎缩，占全国的比重不足1/4。从棉花产业安全、农业资源开发利用及区域经济发展角度看，长江流域和黄河流域棉区保有一定量的植棉面积非常必要。

长江流域和黄河流域机采棉采收配套亟须解决。受种植模式和种植规模限制，长江流域和黄河流域棉花生产机械化率低，特别是采摘环节仍主要依靠人工。但近几年长江流域和黄河流域棉区拾花工短缺现象较为突出。近年来内地湖北省、河北省、山东省等都分别开展了机采棉推广示范。部分植棉大户采用了机采模式种植，通过增密降高等技术，达到机采棉种植模式的产量不比普通种植模式的低。但由于长江流域和黄河流域植棉土地地块偏小、缺乏适宜机采的品种、棉花集中采收期多雨、轧花厂缺乏机采棉配套的清花加工设备等原因，机采棉在内地推广应用尚需要棉花科研、生产与加工全产业链条协同解决。

（三）我国棉花及其制品进出口情况

2020年我国累计进口棉花215.8万t，较2019年同期增加16.7%。进口国主要为美国、巴西、印度和澳大利亚等国家，占比分别为45.3%、28.6%、11.7%和5.4%。我国当年棉花出口3.0万t，较上年下降40%。2020年，我国纱线进口量190.0万t，同比下降2.6%；出口2.3万t，同比减少35.2万t。

2020年受新冠肺炎疫情影响，上半年我国纺织品服装出口受阻，大量订单被推迟或取消。7月开始随着国外疫情管控放松，出口订单有所回暖，尤其口罩和防护服等防疫物资出口对纺织品服装出口的拉动作用明显。2020年，我国纺织品服装出口额为2 914.4亿美元，同比增长7.2%。

（四）我国棉花种子销售情况

2020年黄河流域棉区商业种子销售总量约3 000 t，其中90%为常规棉种子，杂交种子约占10%。常规棉种植区域集中在河北邯郸、邢台、衡水、唐山和山东的菏泽、济宁、聊城、德州、东营、滨州等县（市）；杂交棉主要种植在鲁西南。棉种经营单位主要有国欣种业、山东银兴种业、河北民丰等，主要品种有：鲁棉研37，国欣棉3号，农大601，冀863等。

2020年长江流域棉区商业种子销售主要集中在湖北省和湖南省，约占70%，用种量约为500 t，其中杂交棉占比达80%。棉种经营单位主要有国欣种业、中棉种业、创世纪公司、惠民种业、华之夏公司等产。主要品种有：华杂棉H318、国欣棉15、鄂杂棉10号、华惠4号、华惠13号、创075等。

随着精量播种技术的推广，西北内陆棉区种子用量基本维持在1.8 kg/亩左右，全疆棉花用种量约7万t；其中北疆用种量约为2.5万t，南疆约为4.2万t。北疆以早熟常规品种为主，主要经营单位有：新疆惠远种业有限公司、新疆合信种业有限公司、新疆金丰源种业有限公司、新疆承天种业科技股份有限公司、新疆耕野种业有限公司、新疆中棉种业有限公司、新疆国欣种业、新疆创世纪种业有限公司、新疆劲丰合农业科技有限公司等。主要推广品种有惠远720、新陆早84、新陆早78、新陆早61、新陆早79、中棉113、金垦1402、创棉508和新陆早60等。

南疆以中早熟棉花品种为主，主要经营单位有新疆国欣种业有限公司、新疆合信科技发展有限公司、新疆晶华种业有限公司、阿克苏科润种业公司、新疆中棉种业、耕野种子公司、新疆塔河种业、新疆鲁成种业有限公司等。推广应用的主要品种有新陆中71、新陆中73、新陆中42、新陆中78、欣试518、新陆中87、新陆中40、新陆中88、中棉所88、塔河2号等。

二、2020年完成国家棉花区试待审品种纤维品质情况

2020年国家在西北内陆棉区、黄河流域棉区和长江流域棉区共开设了西北内陆棉区早熟组、西北内陆棉区早中熟组、黄河流域棉区中熟常规组、黄河流域棉区中熟杂交组、黄河流域棉区早熟组、长江流域棉区中熟杂交组、长江流域棉区中熟常规组和长江流域棉区早熟常规组等8个区试组别，共有39个品种完成棉花区试待审。其中西北内陆棉区、黄河流域棉区和长江流域棉分别有18、13和8个品种通过区试（图11-1）。西北内陆棉花品种的纤维长度和比强度分别普遍超过30 mm和30 cN/tex，品质普遍较好，其中10个品种的纤维品质达到国家Ⅰ型棉花品质标准。而黄河流域和长江流域棉花品种的纤维长度多在28～30 mm，纤维品质因马克隆值偏高，品质多为Ⅲ型（图11-2）。

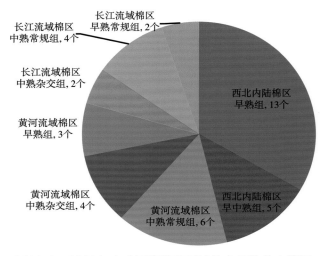

图11-1　2020年完成国家棉花区试待审品种分布情况

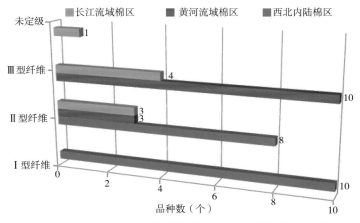

图11-2　2020年完成国家棉花区试待审品种品质分析

三、2020年我国棉花品种推广应用特点

（一）新疆棉区

1.北疆棉花品种特点

（1）北疆棉花生产概况

2020年北疆棉区植棉面积基本稳定，植棉面积较上年略微调减。北疆棉区全年天气整体利好，棉花综合生长指数偏高，温度、光照、无霜期、自然灾害的发生等明显好于历年。自3月中旬以来气温回升快，棉花生长发育进程快于往年8～10 d，普遍达到了"四月苗、五月蕾、六月花、七月铃、八月初花上稍、九月絮"的生育进程。生育期有效积温明显高于历年同期，降雨较往年偏少。

因棉花生产中后期利好天气因素影响，新疆棉区2020年度棉花总产、单产主体呈增加趋势。全疆皮棉单产平均增加10%左右，达2 062.7 kg/hm²，总产约510万t，较2019年增加10余万t。据各主要植棉区调研情况汇总，北疆棉区籽棉产量情况：昌吉、石河子、奎屯、沙湾等地籽棉单产普遍在6 450～7 500 kg/hm²，较往年增加750～1 500 kg/hm²；乌苏单产在5 250～6 750 kg/hm²，较往年增加300～750 kg/hm²；博乐单产大多在4 500～7 200 kg/hm²，与2019年持平。北疆棉区棉花单产增幅大于南疆棉区。

2020年北疆棉区蚜虫发生偏重，局部地方蓟马中等发生，棉铃虫、棉叶螨、棉盲蝽轻度发生。黄萎病发生较往年偏重，北疆6月20日开始发病，7月中旬达到高发期；博乐地区部分老棉区，发生较重棉田死苗率在40%以上，单产不足4 500 kg/hm²，减产幅度在25%以上。

（2）北疆棉花推广面积前10位品种应用情况

北疆棉花应用推广集中在少数主推品种。惠远720、新陆早78号、新陆早84号、新陆早63号、新陆早77号、新陆早57号、新陆早70号、新陆早80号、新陆早74号和新陆早61号10个棉花品种推广面积在255万～46万亩之间，总面积超过1 000万亩。其中新陆早78号、新陆早84号推广应用面积超过100万亩，惠远720推广应用面积超过250万亩（表11-2）。

表11-2 2020年北疆推广面积大于20万亩的品种

序号	名称	面积（万亩）	选育单位	审定编号	审定年份	主要特点
1	惠远720	255	新疆惠远种业股份有限公司	国审棉20170008	2017	产量突出、品质优、高抗枯萎病
2	新陆早78号	185	新疆生产建设兵团第五师农科所	新审棉2016年25号	2016	丰产性、抗病性、适应性测评表现良好

（续表11-2）

序号	名称	面积（万亩）	选育单位	审定编号	审定年份	主要特点
3	新陆早84号	103	新疆合信科技发展有限公司	新审棉2017年48号	2017	早熟性好、植株筒型、植株较紧凑、结铃性好、品质优
4	新陆早63号	98	新疆中棉种业有限公司、中国农业科学院棉花研究所北疆生态试验站	新审棉2013年41号	2013	丰产性好、衣分较高、生长稳健
5	新陆早77号	97	新疆大有赢得种业有限公司	新审棉2017年41号	2017	早熟性好，结铃性强，综合性状优良
6	新陆早57号	93	新疆农业科学院经济作物研究所	新审棉2013年35号	2013	丰产性好、衣分较高、生长稳健，抗逆性强、适应性广
7	新陆早70号	62	新疆石河子农业科学研究院、新疆石河子市庄稼汉农业科技有限公司	新审棉2015年32号	2015	早熟性好，丰产性突出，综合性状优良
8	新陆早80号	54	新疆石河子农业科学研究院	新审棉2017年44号	2017	早熟性好，生长稳健，含絮力好
9	新陆早74号	54	新疆石河子农业科学研究院	新审棉2016年24号	2016	早熟性好、株型塔形、杂交优势突出
10	新陆早61号	46	新疆石河子农业科学研究院、石河子市庄稼汉农业科技有限公司	新审棉2013年39号	2013	株型松紧适宜，茎秆坚硬，柔韧性好，抗倒伏
11	新陆早45号	31	新疆农垦科学院、新疆西部种业	新审棉2010年37号	2010	早熟，霜前花率100%
12	新陆早82号	30	新疆生产建设兵团第五师农业科学研究所	新审棉2017年46号	2017	抗性好，产量突出
13	新陆早42号	30	新疆农垦科学院棉花研究所、新疆惠远农业科技发展有限公司	新审棉2009年58号	2009	抗病性和抗逆性较好，其形态特征适宜机械采收
14	新陆早65号	28	新疆合信科技发展有限公司	新审棉2014年56号	2014	熟性好，丰产性突出，综合性状优良
15	新陆早46号	28	新疆石河子棉花所	新审棉2010年38号	2010	熟性好，吐絮畅且集中，絮色洁白、易采摘
16	新陆早55号	23	新疆大有赢得种业有限公司	新审棉2012年50号	2012	早熟、抗病、高衣分杂交棉新品种

序号	名称	面积（万亩）	选育单位	审定编号	审定年份	主要特点
17	新陆早72号	23	新疆惠远种业股份有限公司	新审棉2015年34号	2015	抗枯、耐黄，优于一般早熟棉品种，抗逆性好
18	新陆早37号	21	新疆第五师农业科学研究所	新审棉2007年62号	2007	抗病性好，高抗枯萎、抗黄萎，高产，优质
19	新陆早54号	21	新疆金宏祥高科农业股份有限公司	新审棉2012年49号	2012	熟性好，丰产性突出
20	金垦1402	20	新疆农垦科学院棉花研究所	新审2018年51号	2018	株型松紧适宜，茎秆坚硬，柔韧性好，抗倒伏
21	天云0769	21	大有赢得种业有限公司	国审棉2015012	2015	早熟，霜前花率100%
22	K07-12	21	新疆生产建设兵团第七师农业科学研究所、新疆锦棉种业科技股份有限公司	国审棉2013004	2013	抗性好，产量突出
23	新陆早66号	20	奎屯万氏棉花种业有限公司	新审棉2014年57号	2014	早熟、丰产

2. 南疆棉花品种特点

（1）南疆棉花生产概况

2020年南疆植棉面积较上年略微调减，但南疆机采棉种植面积大幅度增加，尤其在阿克苏棉区，机采棉模式种植面积较去年增加100万亩，总面积达到500万亩以上。2020年度南疆棉区天气整体利好，全年棉花综合生长指数偏高，温度、光照、无霜期、自然灾害的发生等明显好于历年。3月中旬至4月底播种期间，因低温、浮尘及降雨天气偏多，棉花生长发育指数偏低。喀什地区、阿克苏地区部分棉区因低温、降雨天气，造成板结、烂根、烂芽、僵苗不发或死苗现象，补种或重种面积约为30万亩。部分棉田立枯病发生较为严重，棉花长势较慢，"大小苗"现象发生较为普遍。自5月中旬以来，天气总体对棉花生长利好，气温逐步升高，7—8月干热风及高温天气为害小，生育期有效积温明显高于历年同期，降雨较历年偏少。

2020年南疆棉区棉花总产、单产主体呈增加趋势，单产增幅较北疆棉区低。南疆的巴州地区籽棉产量大多在6 000 kg/hm²以上，单产在7 500 kg/hm²以上的棉田较往年明显增加，平均较往年增加750 kg/hm²左右；阿克苏地区平均籽棉单产较往年增加300~750 kg/hm²；喀什地区平均籽棉单产为5 700~6 750 kg/hm²，较上年增加300 kg/hm²左右。

2020年南疆棉区蚜虫为害偏重发生，蓟马中等发生，棉铃虫、棉叶螨、棉盲蝽轻度发生。从近几年的虫害发生情况来看，蚜虫、棉盲蝽发生较以往偏重，已成为主要害虫。黄萎病较往年偏重发生，南疆7月上旬开始发病，7月下旬达到高发期，发病推后半月左右，病害造成的产量损失比北疆轻。

（2）南疆棉花推广面积前10位品种应用情况

南疆棉花品种推广应用相对集中在少数优势品种。新陆中67号、新陆中66号、新陆中70号、新陆中62号、新陆中87号、新陆中80号、J206-5、新陆中78号、新陆中46号和新陆中75号10个品种推广应用面积近1 400万亩（表11-3）。其中新陆中70号、新陆中62号、新陆中87号、新陆中80号等4个品种推广应用面积超过100万亩，而新陆中67号和新陆中66号推广应用面积超过300万亩。

表11-3　2020年南疆推广面积大于20万亩的品种

序号	名称	面积（万亩）	选育单位	审定编号	审定年份	主要特点
1	新陆中67号	323	塔里木大学	新审棉2013年48号	2013	抗病、高产
2	新陆中66号	308	新疆美丰种业有限公司、石河子大有赢得种业有限公司	新审棉2013年47号	2013	长势强，结铃性强；朵大，便于拾花
3	新陆中70号	113	新疆塔里木河种业股份有限公司	新审棉2014年59号	2014	植株清秀，叶片中等大小，抗病、高产
4	新陆中62号	105	新疆塔里木河种业股份有限公司	新审棉2013年43号	2013	早熟不早衰，结铃性强，吐絮畅而集中
5	新陆中87号	102	新疆合信科技发展有限公司	新审棉2017年54号	2017	叶层分布合理，通透性好。茎秆坚韧抗倒伏，宜机采。整个生育期长势强
6	新陆中80号	101	石河子农业科学研究院	新审棉2017年44号	2017	熟性好，叶层分布合理，通透性好。茎秆坚韧抗倒伏，宜机采。吐絮畅，不落絮，便于拾花
7	J206-5	87	新疆金丰源种业股份有限公司	国审棉2011年45号	2011	高产、优质、抗病
8	新陆中78号	86	新疆农业科学院经济作物研究所	新审棉2017年45号	2017	抗逆、抗病、结铃性强、适宜机采
9	新陆中46号	80	河南科林种业有限公司、巴州禾春洲种业有限公司	新审棉2010年44号	2010	叶片较大，上举，吐絮畅，含絮力一般，易摘拾。产量性状好

（续表11-3）

序号	名称	面积（万亩）	选育单位	审定编号	审定年份	主要特点
10	新陆中75号	56	新疆农业科学院经济作物研究所、新疆金丰源种业股份有限公司	新审棉2014年64号	2014	纤维品质优良，絮色洁白，吐絮畅，易采摘
11	新陆中52号	53	新疆生产建设兵团第七师农业科学研究所	新审棉2011年47号	2011	杂交棉，高产，适宜大水大肥
12	新陆中68号	51	新疆金丰源种业股份有限公司	新审棉2013年49号	2013	高产优质、抗病虫、高衣分
13	新陆中58号	49	新疆国家农作物原种场	新审棉2012年56号	2012	铃大、高衣分
14	新陆中82号	44	新疆塔里木河种业股份有限公司、新疆劲丰合农业科技有限公司	新审棉2017年49号	2017	品质优
15	新陆中40号	44	新疆库尔勒市种子公司	新审棉2009年52号	2009	品质优，高衣分
16	新陆中72号	34	新疆承天种业有限责任公司	新审棉2014年61号	2014	耐盐碱、耐瘠薄
17	新陆中37号	32	新疆塔河种业股份有限公司	新审棉2008年35号	2008	丰产性突出、抗病性强
18	新陆中73号	31	新疆农业科学院经济作物研究所	新审棉2014年62号	2014	高衣分，含絮力好，吐絮畅而集中、易采摘
19	新陆中88号	24	新疆农业科学院经济作物研究所	新审棉2017年55号	2017	全生育期生长势强，整齐度较好。品质优
20	塔河2号	21	新疆塔里木河种业股份有限公司	新审棉2018年56号	2018	全生育期生长稳健，整齐度好。高产优质
21	中棉所88	21	中国农业科学院棉花研究所	新引棉2018年003	2018	熟性好，产量性状突出，稳产

3. 长绒棉品种特点

（1）我国长绒棉生产概况

"十三五"以来，新疆主栽长绒棉品种主要是新海35号、新海39号、新海41号、新海43号、新海57号等，全部为新疆自育品种。这些品种具有丰产性突出、品质优良、抗病性好等特点。品种单株铃数13个、铃重3.3～3.5 g、衣分33.0%左右、纤维长度38 mm、比强度45 cN/tex、马克隆值4.2，纤维黄度9以下，均高抗（抗、耐）枯、黄萎病。当前，主栽品种皮棉单产可实现多点大面积单产1 500～1 800 kg/hm²，是世界超级长绒棉（纤维长度>37 mm）的高产区代表。

随着人工成本的上升，长绒棉植棉比较效益较差，新疆长绒棉种植面积逐年下滑，2020年较2019年度减少约30万亩，种植面积约70万亩，其中阿克苏地区约60万亩，喀什岳普湖县等地区约10万亩。根据中国纤维质量监测中心数据统计，截至2021年8月31日，新疆长绒棉2020年度累计检验数量246 439包，约合5.6万t，较2019年度减少约0.4万t。

（2）长绒棉推广面积前5位品种应用情况

2020年新疆长绒棉种植以阿克苏地区阿瓦提县为主，总面积60万亩左右。喀什岳普湖县种植面积逐年上升，有望成为新的长绒棉主产区。2020年长绒棉主产区大力推行县域品种"一主两辅"，推广面积大于10万亩的长绒棉品种共有3个，另有3个品种的推广面积在5万亩左右（表11-4）。

表11-4 2020年新疆长绒棉推广面积大于5万亩的品种

序号	名称	面积（万亩）	选育单位	审定编号	审定年份	主要特点
1	新海62号	25	金丰源种业	新审棉2017年59号	2018	早熟、优质、易拾花
2	MCR3915	10	棉城种业	新审棉2018年61号	2019	丰产、抗病
3	鲁泰700Q	10	鲁泰丰收	新审棉2018年62号	2019	早熟、抗病
4	新海60号	5	新疆农科院	新审棉2017年57号	2018	丰产、抗病、优质
5	新海57号	5	巴州农科院	新审棉2016年33号	2017	优质、吐絮集中
6	新海53号	5	新疆农科院	新审棉2015年41号	2016	早熟、优质、丰产

4. 品种更新换代情况

2020年新疆棉区年推广面积在20万亩以上的品种有44个，北疆棉区主推品种有23个，南疆棉区主推品种有21个。主推品种的应用年限在3～14年，大面积推广的品种审定年限在5～8年。其中主推品种中近5年育成的品种有14个，占主推品种的31.82%；主推品种审定年限在6～10年的有22个，占主推品种的50%；近10年育成的品种占到主推品种的81.82%。应用时间超过10年的主导品种有7个，其中北疆品种占到3个（新陆早37号、新陆早42号、新陆早45号），南疆品种占到4个（新陆中37号、新陆中40号、新陆中46号、J206-5）。

2020年新疆棉区实施"一主两辅"品种推荐政策，推广应用品种数量上明显减少，品种推广区域更集中，优化了棉花生产的一致性。与2019年相比，南、北疆主推品种都有所增加，其中北疆增加10个，南疆增加2个。北疆早熟棉区品种更新换代要快于南疆早中熟棉区。

2020年新疆生产建设兵团推广应用的品种有66个，品种应用年限在1～19年。其中南疆主导品种中近5年育成品种有9个，占南疆植棉面积的39%；近10年育成的主导品种有24个，占南疆植棉面积的95%。应用时间超过10年的主导品种有4个，为新陆中37号、新陆中38号、中棉所49号和冀668，占南疆植棉面积的5%。北疆主导品种中近5年育成品种有5个，占北疆植棉面积的56%；近10年育成品种有9个，占北疆植棉面积的91%；应用时间超过10年的品种有6个，占北疆植棉面积的9%。

5. 商业化育种成效

2020年参加新疆棉区棉花区域试验的棉花品种接近200个，总体数量渐趋稳定。种业参与程度稳定在70%左右。这表明新疆科研院所与企业在棉花品种选育上均具有较强的竞争力。2020年度国家西北内陆棉区通过审定棉花新品种9个，审定品种数量整体稳定。其中，科研院校主导审定棉花品种数4个，企业主导审定品种数5个。

2020年度新疆棉区年推广面积在20万亩以上的44个品种中，科研院校育成的品种有14个，占比31.82%；科企合作育成品种6个，占比13.64%；企业主导的商业化品种有24个，占比54.54%，商业化育种成效显著。棉花商业化育种逐渐成为主体，有利于品种审定后快速大面积推广。

（二）黄河流域棉区

1. 黄河流域棉区生产概况

黄河流域棉区主推棉花品种以常规抗虫转基因棉花品种为主，占90%左右，杂交抗虫转基因棉花品种占10%左右。常规品种中鲁棉研37号、国欣棉3号、冀863、冀农大棉24号等推广面积较大，杂交棉区推广面积较大的有农大KZ05、鲁H424、国欣棉8号等（表11-5）。该区域生产上对品种的要求仍以高产为第一因素，近年来，在高产基础上培育了优质和适宜机采的品种，以适应产业需求和生产需求。黄河流域棉区为我国的传统优势棉区，黄萎病发生较为普遍，中后期雨水偏多的年份，烂铃较严重，给生产上带来一定的风险。

表11-5 2020年黄河流域棉区推广面积大于10万亩的品种

序号	名称	面积（万亩）	选育单位	审定编号	审定年份	主要特点
1	鲁棉研37号	71	山东棉花研究中心	鲁农审2009024号	2009	常规
2	冀863	36	河北省农林科学院棉花研究所	冀审棉2010008号	2010	常规

（续表11-5）

序号	名称	面积（万亩）	选育单位	审定编号	审定年份	主要特点
3	国欣棉3号	33	河间市国欣农村技术服务总会	国审棉2006003号	2006	常规
4	冀农大棉24号	29	河北农业大学	冀审棉20180001号	2018	常规
5	冀农大23号	28	河北农业大学	冀审棉20190019号	2019	常规
6	鲁棉研28号	20	山东棉花研究中心、中国农业科学院生物技术研究所	国审棉2006012号	2006	常规
7	农大601	19	河北农业大学	冀审棉2012001号	2012	常规
8	冀棉315	18	河北省农林科学院棉花研究所	冀审棉20190010号	2019	常规
9	农大棉13号	17	河北农业大学	冀审棉2013001号	2013	常规
10	国欣棉9号	14	河间市国欣农村技术服务总会、中国农业科学院生物技术研究所等	国审棉2009004号	2009	常规
11	冀农大棉25号	11	河北农业大学	冀审棉20189003号	2018	常规
12	衡优12	10	河北省农林科学院旱作农业研究所	冀审棉2015005号	2015	杂交
13	冀棉803	10	河北省农林科学院棉花研究所	冀审棉20190014号	2019	常规
14	农大KZ05	17	河北农业大学	冀审棉2013006号	2013	杂交
15	鲁H424	15	山东棉花研究中心、济南鑫瑞种业科技有限公司	鲁审棉20160035号	2016	杂交
16	瑞杂816	10	德州市银瑞棉花研究所、中国农业科学院生物技术研究所	国审棉2007002号	2007	杂交

2. 品种更新换代情况

黄河流域棉区2020年推广面积超过10万亩的16个棉花品种应用时间在1～14年。近5年，育成并有较大推广面积的棉花品种有冀农大棉24号、冀农大23号、冀棉315、冀棉803、鲁H424等。黄河流域主导品种仍以育成5年以上品种为主；10年以上的老品种仍在大面积推广，例如鲁棉研37号、冀863、国欣棉3号、鲁棉研28号、国欣棉9号、瑞杂816等品种推广10年以上。近年来，黄河流域植棉成本增加，籽棉收购价格较低，植棉效益下降，种植面积逐年大幅度下滑，导致企业的商业化育种积极性不高，推广积极性较低，棉花品种更新速度较慢。

3.商业化育种成效

2020年国家黄河流域棉区完成生产试验11个棉花新品种，其中科研单位育成8个，占72.7%；企业育成3个，占27.3%。11个棉花品种，不管科研单位还是企业，均为自主选育，棉花商业化育种科技合作不如西北内陆棉区积极性高。这与黄河流域棉区植棉面积萎缩、棉花商业化育种积极性不高、育种科研力量向新疆棉区转移等因素有关。

（三）长江流域棉区

1.长江流域棉区生产概况

长江流域棉区推广应用的棉花品种类型以杂交棉为主，常规棉为辅。2020年长江流域棉区商业化杂交棉品种推广应用面积共266万亩，占棉花总面积的89.3%；商业化常规棉品种推广应用面积共32万亩，占棉花总面积的10.7%。2020年推广应用的常规棉品种面积占比较上年略有提升。2020年长江流域推广应用的商业化品种以国审品种为主，其中国审品种推广应用175万亩，占总面积的59.0%；省审品种推广应用面积115万亩，占总面积的38.7%；其他来源品种推广面积7万亩，占总面积的2.4%。

2020年长江流域棉区推广应用面积在10万亩以上的主导品种共7个，按推广应用面积排序依次为：华杂棉H318、鄂杂棉10号、中棉所63、鄂杂棉29、创075、铜杂411和国欣棉16。其中，华杂棉H318的推广面积达到20万亩以上，其余品种的推广面积为11万~17万亩（表11-6）。

表11-6　2020年长江流域棉区推广面积大于10万亩的品种

序号	名称	面积（万亩）	选育单位	审定编号	审定年份	主要特点
1	华杂棉H318	27	华中农业大学	国审棉2009018	2009	高产稳产，抗枯萎病，耐黄萎病，中抗棉铃虫
2	鄂杂棉10号	17	湖北惠民农业科技有限公司	国审棉2005014	2005	高产稳产，耐枯黄萎病，抗棉铃虫
3	中棉所63	17	中国农业科学院棉花研究所	国审棉2007017	2007	高产稳产，耐枯黄萎病，抗棉铃虫

（续表11-6）

序号	名称	面积（万亩）	选育单位	审定编号	审定年份	主要特点
4	鄂杂棉29	15	湖北省荆州市霞光农业科学试验站	国审棉2011006	2011	高产稳产，优质，耐枯黄萎病，高抗棉铃虫
5	创075	13	创世纪转基因技术有限公司	国审棉2010008	2010	高产稳产，耐枯萎病，感黄萎病，抗棉铃虫
6	铜杂411	12	铜山县华茂棉花研究所	国审棉2009019	2009	高产稳产，耐枯黄萎病，抗棉铃虫
7	国欣棉16	11	河间市国欣农村技术服务总会	国审棉2016008	2016	高产稳产，抗枯耐黄萎病，抗棉铃虫

2. 品种更新换代情况

全国农技推广中心对棉花生产上有较大推广应用面积的商业化品种统计显示，2016—2020年长江流域棉区累计推广棉花品种249个，其中累计推广应用面积在5万亩以上的品种107个，占比43%。累计推广应用面积在100万亩以上的主导品种共4个（表11-7），按推广面积排序依次为鄂杂棉10号（146万亩）、华杂棉H318（132万亩）、鄂杂棉29（132万亩）和中棉所63（110万亩），全部为国审棉花品种；推广应用面积在50万亩以上的品种还有铜杂411（97万亩）和创075（91万亩），均为国审品种；累计种植面积在20亩以上的品种还有华惠4号、鄂杂棉11号、中棉所66、岱杂1号、鄂杂棉28、湘丰棉3号、国欣棉16、鄂棉24、鄂杂棉26、湘杂棉14号、鄂抗棉11、创杂棉21号、湘杂棉5号、创072、湘杂棉11号、EK288、国欣棉8号、湘杂棉8号和鄂杂棉9号19个品种。种植面积列前10名的品种累计面积892万亩，占总面积的40%；前20名的品种累计种植面积1 173万亩，占总面积的49%。与长江流域棉区的植棉总面积相比，主推的商业化品种市场占有率较大。

表11-7　2016—2020年长江流域棉区主导品种推广应用情况

年份	品种名称及面积（万亩）
2016	鄂杂棉29（37.5）、鄂杂棉10号（37.2）、中棉所63（32.4）、铜杂411（29.3）、鄂杂棉28（26.8）、创075（21.2）、华杂棉H318（20.9）、岱杂1号（18）、鄂杂棉11号（15.2）、中棉所66（14.2）
2017	鄂杂棉10号（42.7）、鄂杂棉29（37）、中棉所63（29.1）、华杂棉H318（26.6）、铜杂411（26）、创075（24）、鄂杂棉11号（15）、岱杂1号（13.1）、华惠4号（12）、中棉所66（10.7）
2018	鄂杂棉10号（27.4）、华杂棉H318（27.1）、鄂杂棉29（26.2）、铜杂411（19.4）、创075（18.6）、中棉所63（17.7）、国欣棉8号（9.3）、华惠4号（9.2）、中棉所66（9）、鄂杂棉11号（8.6）

（续表11-7）

年份	品种名称及面积（万亩）
2019	华杂棉H318（30.5）、鄂杂棉10号（21.9）、鄂杂棉29（16.1）、创075（14.5）、中棉所63（13.6）、铜杂411（10.8）、国欣棉16（9.2）、鄂杂棉11号（8.3）、华惠4号（8）、中棉所66（6.6）
2020	华杂棉H318（27）、鄂杂棉10号（17）、中棉所63（17）、鄂杂棉29（15）、创075（13）、铜杂411（12）、国欣棉16（11）、鄂杂棉11（8）、创072（7）、华惠4号（6）

长江流域棉区的主导品种中，鄂杂棉10号、华杂棉H318、鄂杂棉29、中棉所63、铜杂411和创075的累计推广面积均在50万亩以上。其中，（1）鄂杂棉10号的推广面积在5年中均排列前2名，2年排名第一，3年排名第二，是长江流域棉区近5年推广应用规模最大的品种。（2）华杂棉H318的排名呈上升趋势，2016年排名第7位，2017年第4位，2018年第2位，2019—2020年排名第1位。（3）鄂杂棉29在2016年种植面积列第1位，2017年第2位，2018—2019年均列第3位，2020年列第4位，排名呈下降趋势。（4）中棉所63在2016—2017年列第3位，其后2年排名第5～6位，2020年列第3位。（5）铜杂411和创075在5年中的排名都在第4～6位波动。

总体而言，近5年长江流域棉区主导品种突出，种植面积排名前10%的品种种植面积约占总面积的63%。其中，鄂杂棉10号、华杂棉H318、鄂杂棉29和中棉所63等品种表现突出，华杂棉H318逐年赶超并于2019年开始列首位。预计未来几年，长江流域棉区的主导品种仍将以华杂棉H318、鄂杂棉10号、中棉所63、鄂杂棉29、创075、铜杂411、国欣棉16、鄂杂棉11、创072和华惠4号等品种为主。

3.商业化育种成效

1984—2020年长江流域棉区国审棉花品种育种单位性质的变化动态分析表明，1984—2000年国审棉花品种共17个，全部为科研和教学单位选育；2001年之后，种子公司商业化育种成效逐步显现，国审品种数量和占比呈上升趋势，2001—2010年期间国审品种共计31个，其中商业化育种的品种数量为9个，约占国审品种总数的29%；2011—2015年期间国审品种16个，其中商业化育种11个，占比达到68.8%；2016—2020年期间国审品种18个，商业化育种12个，占比66.7%。在2011—2020年的最近10年中，国审品种34个，其中商业化育种23个，占总数的67.6%，超过总数的2/3，凸显长江流域棉区近10年商业化育种成效显著，但商业化育种积极性在持续下降（表11-8）。

表11-8　1984—2020年长江流域棉区商业化育种占比的变化情况

年份	公司培育品种数	占比（%）	科研院校培育品种数	占比（%）
1984—1995	0	0.0	10	100.0
1996—2000	0	0.0	7	100.0
2001—2005	1	12.5	7	87.5
2006—2010	8	34.8	15	65.2
2011—2015	11	68.8	5	31.3
2016—2020	12	66.7	6	33.3
总计	32	39.0	50	61.0

第十二章 当前我国各棉区推广的主要品种类型及表现

一、西北内陆棉区

（一）2020年西北内陆国家棉花区试品种审定情况

2020年西北内陆国家棉花区试共计审定新品总9个，其中西北内陆早熟棉区春播种植品种4个，西北内陆早中熟棉区春播种植品种5个。

2020年西北内陆国家棉花区试共设置4组试验，分别为：西北内陆棉区早熟常规2个组，参试品种13个；早熟机采常规1个组，参试品种10个；早中熟常规1个组，参试品种13个。生产试验共设3个组：西北内陆棉区早熟常规1个组、早熟机采常规1个组、早中熟常规1个组。参试品种共计14个。

（二）2020年新疆维吾尔自治区棉花区试品种审定情况

受新冠肺炎疫情影响，2020年新疆维吾尔自治区未召开棉花品种审定会议。2020年新疆棉区棉花区试分为机采棉组和常规组2种类型试验。

新疆维吾尔自治区机采棉区试设置情况：设预备试验2个组，早熟机采组预备试验74个品种，早中熟机采组预备试验30个品种；区域试验早熟机采组12个品种，早中熟机采组15个品种；生产试验早熟机采棉组1个品种；早中熟机采棉组1个品种。机采棉区试合计参试品种133个。

新疆维吾尔自治区常规棉组区试设置情况：设预备试验2个组，其中早熟常规棉组预备试验1组，参试品种100个，早中熟常规棉组预备试验1组，参试品种101个。棉花区域试验5个组，其中早熟常规组2个组，参试品种19个；早熟杂交组1个组，参试品种5个；早中熟常规组2个组，参试品种40个。棉花区试生产试验2个组，其中早熟常规1个组，参试品种4个；早中熟常规1个组，参试品种4个。常规棉组区试合计参试品种273个。

2020年2种类型区域试验参试品种累计406个。

（三）2020年新疆棉区推广面积在100万亩以上的品种简介

1. 惠远720

审定编号：国审棉20170008。新疆惠远种业有限公司由惠远710选系×08-15-1选育而成的棉花品种。属早熟陆地棉新品种。区域试验结果：生育期122 d。长势强，整齐度较好，较早熟，不早衰，吐絮畅。株型较紧凑，株高72.8 cm，Ⅰ-Ⅱ式果枝，茎秆粗壮，茸毛较多，叶片中等大小，叶片较厚，叶色较深，铃卵圆形，第一果枝节位5.8节，单株结铃6.5个，单铃重5.7 g，衣分40.9%，籽指11.8 g，霜前花率97.4%。纤维品质：HVICC纤维上半部平均长度31.4 mm，断裂比强度29.4 cN/tex，马克隆值4.4，断裂伸长率6.5%，反射率80.4%，黄色深度7.8，整齐度指数86.0%，纺纱均匀性指数158.0。抗病性鉴定：区试鉴定高抗枯萎病，感黄萎病（病指39.7）。不抗棉铃虫。2014—2015年参加西北内陆棉区早熟品种区域试验，两年平均籽棉、皮棉和霜前皮棉亩产分别为350.4 kg、143.6 kg和139.8 kg，分别比对照新陆早36号增产7.0%、5.6%和4.0%。2016年生产试验，籽棉、皮棉和霜前皮棉亩产分别为331.8、139.2和130.3 kg，分别比对照新陆早36号增产5.3%、7.6%和5.3%。栽培技术要点：西北内陆棉区适宜播种期4月5—20日，定植密度为13 000～15 000株/亩为宜。根据长势及天气情况掌握好灌水时间和灌量，一般滴灌6～8次。全生育期长势较强，水肥管理上要注意中后期适当减量。采用全程化控，苗期轻控1～2次，中后期化控2～3次，株高控制在75 cm左右为宜。机采棉在7月1日前打顶，手采棉在7月5—10日打顶，单株保留果枝8～10台。采取综合措施防治病虫害。该品种不抗虫，生产中应注意虫害防控。

2. 新陆早78号

审定编号：新陆早78号。新疆金丰源种业股份有限公司由自育1216×新陆早16号选育而来的棉花品种。属早熟陆地棉新品种。区域试验结果：生育期115 d左右，霜前花率94.6%以上。植株呈塔形，Ⅰ-Ⅱ式果枝，株型较紧凑。茎秆多毛，果枝夹角小，叶片大、深绿色、叶裂深，棉铃长卵圆形、有喙，结铃性强，丰产性好，吐絮畅且集中，含絮力好，单铃重5.6 g，籽指10.2 g，衣分43.3%。纤维品质：纤维长度30.1 mm，整齐度84.8%，比强度31.7 cN/tex，马克隆值4.4。综合抗性：区试抗病鉴定结果为耐枯萎病、耐黄萎病，非转基因不抗虫。2014—2015年自治区早熟棉区域试验，2年平均亩产皮棉145.5 kg，比对照新陆早36号增产14.2%。2016年生产试验，平均亩产皮棉130.0 kg，比对照新陆早36号增产14.5%。栽培技术要点：适宜播期为4月10—25日，收获株数1 300～1 400株/亩为宜，全生育期灌水7～9次，化调3～4次，打顶时间7月1日左右。该品种不抗虫，生产中应注意虫害防控。

3. 新陆早84号

审定编号：新审棉2017年48号。新疆合信科技发展有限公司由新陆早43号×金垦杂825

选育而来的棉花品种。区域试验结果：生育期120 d左右。植株筒型，植株较紧凑，茎秆多毛，果枝夹角小。叶层分布合理，通透性好。茎秆坚韧抗倒伏，宜机采。整个生育期长势稳健。I式果枝，第一果枝节位5～6节，果枝台数8～10台，单铃重5.2 g，籽指10.5 g，衣分41.9%。铃卵圆形，中等。铃面光滑，有腺体。种子梨形，褐色，中等大，毛籽灰白色，短绒中量。纤维品质：纤维上半部平均长度31.3 mm，比强度32.7 cN/tex，马克隆值4.1，整齐度指数84.6%。区试抗病鉴定结果为高抗枯萎病、耐黄萎病，非转基因不抗虫。2014—2015年2年新疆维吾尔自治区早熟机采棉区域试验，2年平均亩产皮棉142.7 kg，比对照减产0.2%。2016年生产试验，平均亩产皮棉113.8 kg，比对照增产1.1%。栽培技术要点如下。适期早播：适宜播期为4月10—20日。合理密植：收获株数12 000～14 000株/亩为宜，力争棉苗早、全、齐、匀、壮。科学用肥：测土配方，科学用肥，N、P、K比例适当，一般为1：0.35：0.14，有机肥与无机肥相结合。酌情叶面喷施叶面肥和硼、锌等微肥。合理灌溉：看天、看地、看苗把握好进头水和停水时间。全程化调：根据棉株长势、长相、密度及棉田水肥供应情况而定。实行化控，亩用缩节铵1.5～2 g；现蕾期亩用缩节胺2～2.5 g/亩；初花期用5～6 g/亩缩节胺；打顶后重控，用缩节胺8～10 g/亩。对黄萎病抗性较弱，在重病地或特殊年份种植易受黄萎病为害。该品种不抗虫，生产中应注意虫害防控。

4. 新陆中67号

审定编号：新审棉2013年48号，塔里木大学由选系1503与新品系608组配，F3单株选测，经多年在病田中鉴定和南繁北育选育而成。属早中熟陆地棉新品种。区域试验结果：生育期136 d左右。植株塔形，株型较松散，Ⅱ型果枝。茎秆上有茸毛较少，铃卵圆形，叶色绿色，叶片中等大小，有裂缺。一般株高80 cm，始果节位6节，果枝数9台，一般单株结铃7.0个，单铃重6.0 g，籽指10.8 g，霜前花率95%左右，衣分43.0%。纤维品质：纤维长度29.68 mm，整齐度85.5%，比强度31.3 cN/tex，马克隆值4.4。区试早中熟陆地棉区域试验抗病鉴定结果为高抗枯萎病、耐黄萎病，非转基因不抗虫。012年生产试验，籽棉、皮棉、霜前皮棉亩产为386.4 kg、165.3 kg、152.9 kg，比对照中棉所49号增产7.8%、10.3%、11.1%。栽培技术要点：当膜下5 cm地温稳定通过12℃时，结合天气预报确定播种期。通常年份播种期适宜为4月1—15日。播种时，种子用种衣剂或敌g松拌种，铺膜前土面喷施封闭除草剂，如施田补200 g/亩。播种密度14 000～16 000株/亩，保苗株数13 000～14 000株/亩。科学施肥，提高化肥利用率。合理灌溉，经济用水。播种前浇水1次，保证足墒下种。生长期浇水3～4次。坚持头水适当偏晚的原则。合理化控，化控遵循少吃多餐，全程化控的办法。要求在7月1日左右打顶。打顶后喷施1～2次磷酸二氢钾。该品种不抗虫，生产中应注意虫害防控。

5. 新陆中66号

审定编号：新审棉2013年47号，新疆美丰种业有限公司、石河子大有赢得种业有限公司从中棉所引进的高代材料中50154与新陆中26号进行杂交回交，选择丰产高衣分单株，经过多年的加代南繁选育而成。属早中熟陆地棉新品种。区域试验结果：生育期132 d，霜前花率96.8%，茎秆粗壮、早熟不早衰；株型塔形，果节位6.5，叶色深绿，叶片中等大小，铃卵圆形，铃大、产量高，铃重7 g，衣分44%～46%，籽指10.58 g。纤维品质：纤维长度29.8 mm，整齐度84.5%，比强度31.0 cN/tex，马克隆值4.4。区试早中熟陆地棉区域试验抗病鉴定结果为高抗枯萎病、耐黄萎病。非转基因不抗虫。2011年生产试验籽棉亩产379.33 kg，为对照中49增产5.91%。皮棉亩产163.36 kg，为对照中49增产3.84%。霜前皮棉产量亩产148.31 kg，为对照中49增产1.14%。栽培技术要点：适宜播期为4月10—25日。收获株数11 000～17 000株/亩为宜，力争棉苗早、全、齐、匀、壮。测土配方，根据棉株长势、长相、密度及棉田水肥情况科学用肥，N、P、K比例适当。该品种不抗虫，生产中应注意虫害防控。

6. 新陆中70号

审定编号：新审棉2014年59号，新疆塔里木河种业股份有限公司由品系B23-265×渝棉1号选育而来的棉花品种。属早中熟陆地棉新品种。区域试验结果：生育期139 d；株型塔形，株高70 cm，主茎粗壮，抗倒伏，茎色灰绿，老熟呈红褐色，花乳白色。Ⅱ型果枝，株型较松散，果枝数10台，叶裂5片，裂口深，叶片中等大小。铃短卵圆形，铃面不光滑有明显的棱面，有明显的油腺点，铃室多为4室，棉瓣肥大洁白，单铃重5.2 g。纤维品质：纤维长度30.9 mm，整齐度85.9%，比强度34.5 cN/tex，马克隆值4.2。区试早中熟陆地棉区域试验抗病鉴定结果为耐枯萎病、感黄萎病，非转基因不抗虫。2006—2007年两年区试中，籽棉、皮棉、霜前皮棉亩产分别为334.7 kg、136.59 kg和128.52 kg，分别为对照的96.74%、94.62%和92.36%。2006年生产试验中籽棉产量303.99 kg/亩、皮棉产量122.45 kg/亩、霜前皮棉产量117.65 kg/亩。栽培技术要点：一般播期在4月上中旬，地膜栽培，保苗13 000～16 000株/亩，收获密度要保证11 000～15 000株/亩。测土配方，根据棉株长势、长相、密度及棉田水肥情况科学用肥，N、P、K比例适当。该品种不抗虫，生产中应注意虫害防控。苗期重点防治蓟马，中后期重点防治蚜虫、棉铃虫和棉叶螨。

7. 新陆中62号

审定编号：新审棉2013年43号，新疆塔里木河种业股份有限公司由新陆中17号×A1选育而来的棉花品种。属早中熟陆地棉新品种。区域试验结果：全生育期138.7 d。株形塔形，Ⅱ类果枝，株高75.5 cm，茎秆中等粗细，叶片中等大小、深绿色，第一果枝节位5.4节，单株结铃5.9个，铃卵圆形，铃室4~5室，单铃重6.01 g，衣分44.57%，籽指11.2 g，霜前花率92%。纤维品质：纤维长度29.41 mm，断裂比强度31.67 cN/tex，马克隆值4.3，整齐度指数85.3%。区试抗病鉴定结果为高抗枯萎病、耐黄萎病，非转基因不抗虫。2010—2011年新疆早中熟陆地棉区域试验平均结果为：每公顷籽棉、皮棉和霜前皮棉产量分别为4 967.7 kg、2 224.5 kg和2 049.6 kg，分别比对照中棉所49增产3.29%、7.83%和8.76%，霜前花率92.05%。2012年生产试验籽棉、皮棉、霜前皮棉亩产分别为392.7 kg、173.7 kg、159.2 kg，分别比对照中棉所49号增产9.6%、15.9%、15.7%。栽培技术要点：播期和密度，一般播期4月上中旬，地膜栽培，保苗13 000~15 000株/亩。科学施肥用水。依棉田长势，开展"早、轻、勤"系列化调，株高控制在75 cm为宜。对黄萎病抗性较弱，在重病地或特殊年份种植易受黄萎病为害。该品种不抗虫，生产中应注意虫害防控。

8. *新陆中87号*

审定编号：新审棉2017年54号，新疆合信科技发展有限公司由9019×K10选育而来的棉花品种。属早中熟陆地棉新品种。区域试验结果：该品种生育期135 d，霜前花率95.1%。植株塔形，植株较紧凑，茎秆多毛，花冠乳白色，花药乳黄色。叶层分布合理，通透性好。茎秆坚韧抗倒伏，宜机采。整个生育期长势强。Ⅰ-Ⅱ式果枝，第一果枝节位5~6节，果枝台数8~10台。子叶为肾形，真叶普通叶型，掌状五裂，叶片中等大小，绿色、缘皱，背面有细茸毛。铃卵圆形，中等偏大。多为5室铃，铃面光滑，有腺体。种子梨形，褐色，中等大，毛籽灰白色，短绒中量。单铃重6.1 g，籽指11.9 g，衣分42.8%。纤维品质：纤维上半部平均长度29.7 mm，比强度29.3 cN/tex，马克隆值4.3，整齐度指数84.3%。区试抗病鉴定结果为高抗枯萎病、耐黄萎病，非转基因不抗虫。2014—2015年2年自治区早中熟陆地棉区域试验，平均亩产皮棉167.4 kg，比对照增产13.7%。2016年生产试验，平均亩产皮棉181.0 kg，比对照增产11.5%。主要生产风险：对黄萎病抗性较弱，在重病地或特殊年份种植易受黄萎病为害。品种不抗虫，生产中应注意虫害防控。栽培要点如下。适期早播：适宜播期为4月10—20日。合理密植：收获株数12 000~14 000株/亩为宜，力争棉苗早、全、齐、匀、壮。科学用肥：测土配方，科学用肥，N、P、K比例适当，一般为1∶0.35∶0.14，有机肥与无机肥相结合。酌情叶面喷施叶面肥和硼、锌等微肥。合理灌溉：看天、看地、看苗把握好进头水和停水时间。全程化调：根据棉株长势、长相、密度及棉田水肥供应情况而定。及时化控，该品种不抗虫，生产中应注意虫害防控。

9. *新陆中80号*

审定编号：新审棉2016年29号，新疆农业科学院经济作物研究所由W601×K-3387选育而来的棉花品种。属早中熟陆地棉新品种。区域试验结果：该品系生育期135 d左右；

植株筒形紧凑，Ⅰ式果枝，茎秆粗壮有韧性；叶片中等大小；株高70 cm左右；平均始果节位6.3，果枝数9～10台；结铃性好，单株铃数7～8个，铃圆形，单铃重5.5～6.0 g，籽指10.8 g；平均衣分42.8%；早熟性较好，霜前花率95%左右。叶片对落叶剂敏感，落叶效果好，吐絮畅而集中、含絮力好，适宜机械采收。纤维品质：上半部平均长度30.15 mm，断裂比强度30.3 cN/tex，马克隆值4.55，整齐度指数85.2%。区试抗病鉴定结果为高抗枯萎病、抗黄萎病，非转基因不抗虫。2013—2014年区域试验平均结果，每亩籽棉产量、皮棉产量和霜前皮棉产量分别为382.1 kg、164 kg和154.8 kg，分别比对照新陆中36号增产3.7%、5.3%和4.4%。2015年生产试验结果，每亩籽棉产量、皮棉产量和霜前皮棉产量分别为374.9 kg、164.9 kg和161 kg，分别比对照中49增产9.3%、13.1%和13.4%。栽培技术要点如下。播期与密度：正常年份播期在4月上、中旬为宜，播种密度在14 000～16 000株/亩，收获密度在12 000～14 000株/亩。基肥及追肥：施足底肥，底肥可适当增加有机肥，稳施蕾肥，重施花铃肥，苗蕾期适当补充叶面肥。生育期内注重灌水质量，特别防止棉田后期受旱。生育期管理：播后即中耕，中耕3～4次，定期除尽杂草；正常年份打顶时间在7月中旬为宜（应视当时棉田长势，不宜过晚），不得晚于7月20日；停水不宜过早，9月初停水为宜。化学调控：整个生育期结合水肥进行全程化控，遵循"少量多次"和"化学调控与水肥促控相结合"的原则，根据棉花的长势长相灵活掌握。该品种不抗虫，生产中应注意虫害防控。

二、黄河流域棉区

（一）2020年黄河流域国家棉花区试品种审定情况

2020年通过黄河流域国家棉花区试并获得审定的棉花新品种共有11个，其中早熟常规棉品种1个、中熟常规棉品种8个、中熟杂交棉品种2个（表12-1）。德利农12号、金农308和国欣棉26为企业培育品种，其他品种均为科研院所培育。

表12-1　2020年黄河流域国家棉花区试品种审定情况

序号	国审年份	品种名称	审定编号	类型	选育单位
1	2020	鲁棉532	国审棉20200007	早熟常规	山东棉花研究中心
2	2020	德利农12号	国审棉20200008	中熟常规	德州市德农种子有限公司
3	2020	中棉9001	国审棉20200009	中熟常规	中国农业科学院棉花研究所
4	2020	邯棉6101	国审棉20200010	中熟常规	邯郸市农业科学院
5	2020	邯棉3008	国审棉20200011	中熟常规	邯郸市农业科学院
6	2020	邯218	国审棉20200012	中熟常规	邯郸市农业科学院

序号	国审年份	品种名称	审定编号	类型	选育单位
7	2020	金农308	国审棉20200013	中熟常规	天津金世神农种业有限公司
8	2020	中棉所9708	国审棉20200014	中熟常规	中国农业科学院棉花研究所
9	2020	国欣棉26	国审棉20200015	中熟常规	河间市国欣农村技术服务总会，新疆国欣种业有限公司
10	2020	中棉所9711	国审棉20200016	中熟杂交	中国农业科学院棉花研究所
11	2020	中M04	国审棉20200017	中熟杂交	中国农业科学院棉花研究所

（二）2020年黄河流域棉区推广面积在20万亩以上的品种简介

1. 鲁棉研37号

审定编号：鲁农审2009024号，山东棉花研究中心由鲁9136（豫2067×定陶621）与鲁99系（从鲁S6145系选）杂交后系统选育的转基因抗虫常规棉品种。属中早熟品种。出苗较好，前中期长势稳健，后期长势旺，叶较大，叶色深绿。区域试验结果：生育期129 d，株高108 cm，植株塔形，第一果枝节位7.2个，果枝数14.4个，单株结铃22.9个，铃重5.6 g，铃卵圆形。霜前衣分41.3%，籽指9.5 g，霜前花率90.3%，僵瓣花率4.7%。2005年、2006年经农业农村部棉花品质监督检验测试中心测试（HVICC）：纤维长度28.8 mm，比强度28.7 cN/tex，马克隆值4.8，整齐度84.1%，纺纱均匀性指数137.4。山东棉花研究中心抗病性鉴定：高抗枯萎病，耐黄萎病，高抗棉铃虫。在2005—2006年全省棉花中熟品种区域试验中，籽棉、霜前籽棉、皮棉、霜前皮棉亩产267.1 kg、237.8 kg、110.1 kg、98.4 kg，分别比对照新棉99B增产2.1%、1.2%、15.7%和14.4%。在2008年生产试验中，籽棉、霜前籽棉、皮棉、霜前皮棉亩产274.5 kg、231.1 kg、113.1 kg和95.8 kg，分别比对照鲁棉研21号增产9.1%、2.0%、10.3%和3.3%。栽培技术要点：（1）地膜覆盖4月20日前后播种，裸地直播4月20日后播种。（2）每亩种植密度，高肥水田3 000株，地力较差的地块5 000株。（3）施足底肥、适当增加钾肥用量。（4）全生育期化控。尤其是地力较好的棉田在营养生长旺盛期应严格化控，防止棉株疯长，影响棉花产量。如遇伏旱应及时浇水防止早衰。（5）二代棉铃虫一般不防治，其他虫害防治与其他抗虫棉品种同。

2. 冀863

审定编号：冀审棉20100008，河北省农林科学院棉花研究所由599系×1086系育成的转基因抗虫常规棉品种。全生育期126 d左右。株高96.3 cm，单株果枝数13.4个，第一果枝节位7.2，单株成铃16.3个，铃重6.1 g，籽指10.4 g，衣分40%，霜前花率93.3%。抗棉铃虫、红铃虫等鳞翅目害虫。农业农村部棉花品质监督检验测试中心检测，2009年区域试验，纤维上半部平均长度29.7 mm，断裂比强度29.8 cN/tex，马克隆值5，整齐度指数85%，伸长率6%，反射率77.5%，黄度7.3，纺纱均匀指数140。2009年生产试验，纤维上半部平均长度30.2 mm，断裂比强度30.2 cN/tex，马克隆值4.8，整齐度指数85.4%，伸长率5.3%，反射率77.1%，黄度7.9，纺纱均匀指数146。抗病性：河北省农林科学院植物保护研究所鉴定，2006年枯萎病病指0.42，黄萎病相对病指21.35，属高抗枯萎耐黄萎类型。2007年枯萎病病指1.9，黄萎病相对病指32.86，属高抗枯萎耐黄萎类型。2009年枯萎病病指0.09，黄萎病相对病指28.75，属高抗枯萎耐黄萎类型。2006年、2007年、2009年冀中南春播棉组区域试验，亩产皮棉分别为99 kg、115.7 kg、98.4 kg，亩产霜前皮棉分别为94 kg、108.9 kg、89.2 kg。2009年生产试验，亩产皮棉95.1 kg，亩产霜前皮棉85.5 kg。栽培技术要点：（1）适宜播期地膜棉4月20日左右、裸地直播4月25日左右。（2）中等肥力种植密度3 000株/亩，高水肥2 500株/亩，旱薄地3 500株/亩左右。（3）中等肥力棉田亩施有机肥2~3m³、复合肥50 kg作底肥。盛蕾至初花期及时浇水，亩追施尿素20 kg。（4）喷施缩节胺蕾期0.5 g/亩、初花期1~1.5 g/亩、盛花期3 g/亩左右，根据田间长势、天气状况适时适量使用。（5）注意防治棉盲蝽、蚜虫、红蜘蛛和白飞虱等害虫。

3. 国欣棉3号

审定编号：国审棉2006003。转基因生物名称：sGK3。河间市国欣农村技术服务总会、中国农业科学院生物技术研究所、北京市国欣科创生物技术有限公司由Bt/CPTI双价抗虫基因导入中棉所17系统选育而成的转基因抗虫常规品种。黄河流域棉区春播生育期125 d。株形松散，株高98 cm，茎秆稍软，茸毛多，掌状叶有皱褶，叶片中等大小、浅绿色，果枝始节位7.3节，单株结铃15.8个，铃卵圆形，单铃重6.1 g，衣分38.6%，籽指11.3 g，霜前花率91.6%。出苗早、苗壮，前期长势一般，中期长势强，整齐度好，后期叶功能好，成铃吐絮集中，吐絮肥畅，耐枯萎病，抗黄萎病，抗棉铃虫；HVICC纤维上半部平均长度29 mm，断裂比强度28 cN/tex，马克隆值5.5，断裂伸长率6.8%，反射率73.3%，黄色深度8.2，整齐度指数84.6%，纺纱均匀性指数127。2004—2005年参加黄河流域棉区春棉组品种区域试验，籽棉、皮棉和霜前皮棉亩产分别为239.7 kg、92.5 kg和84.9 kg，分别比对照中棉所41增产14.5%、10.8%和9.4%。2005年生产试验，籽棉、皮棉和霜前皮棉亩产分别为237.1 kg、92.3 kg和90.2 kg，分别比对照中棉所41增产13.1%、9.9%和10.4%。栽培技术要点：（1）4月中下旬播种，适期早播。（2）中等肥力地块每亩留苗3 000株。（3）施足底肥，重施花铃肥，注意增施磷钾肥，早施盖顶肥。（4）第一次和最后一次化控分别在盛蕾期和打顶后10~15 d进行。（5）二代棉铃虫一般年份不需防治，大暴发年份酌情防治1~2次，三四代棉铃虫视发生轻重酌情防治，及时防治棉蚜、红蜘蛛、棉盲蝽等非鳞翅目害虫。

4. 冀农大棉24号

审定编号：冀审棉20180001，河北农业大学由邯无216×农大优系1育成的转基因抗虫常规棉品种。平均生育期124 d。株型较紧凑，塔形，结铃性强，铃卵圆形，吐絮好，易采摘。株高94.8 cm，单株果枝数13.6个，第一果枝节位6.8节。单株成铃18.0个，铃重6.0 g。籽指11.0 g，衣分39.4%，霜前花率89.9%。河北省农林科学院植物保护研究所鉴定，2016年抗枯萎病（病指8.79）和黄萎病（病指11.01）；2017年高抗枯萎病（病指1.70），耐黄萎病（病指29.72）。纤维品质：农业农村部棉花品质监督检验测试中心检测平均结果，上半部平均长度29.7 mm，断裂比强度30.3 cN/tex，马克隆值5.2，整齐度指数84.3%，纺纱均匀指数136。2016年冀中南春播常规组区域试验，平均亩产皮棉102.1 kg，亩产霜前皮棉89.2 kg；2017年同组区域试验，平均亩产皮棉108.7 kg，亩产霜前皮棉100.5 kg。2017年生产试验，平均亩产皮棉105.0 kg，亩产霜前皮棉96.6 kg。栽培技术要点：（1）适宜播期4月20—30日。（2）每亩种植密度，一般棉田3 000～5 000株，高水肥棉田2 500～2 800株。（3）浇足底墒水，施足底肥，播前亩施有机肥4～5 m³、尿素10～15 kg、二铵20～25 kg、氯化钾10～15 kg。在初花期、盛花期及结铃期及时施肥浇水，不晚于8月10日再补施1次盖顶肥。（4）适时化控。（5）及时防治蚜虫、红蜘蛛、棉盲蝽等棉田害虫。

5. 冀农大23号

审定编号：冀审棉20190019，河北农业大学由农大08y18/邯218育成的转基因抗虫常规棉品种。生育期123 d左右。株型塔形，叶片中等大小。铃卵圆形。株高98 cm左右，第一果枝节位7.3节左右，单株果枝数12.6个左右，单株结铃数16.1个左右。铃重6.7 g，籽指12.7 g，衣分38.0%，霜前花率92.0%，霜前花僵瓣率2.4%。抗病性：河北省农林科学院植物保护研究所鉴定，2016年高抗枯萎病（病指0.8），抗黄萎病（相对病指16.9）；2017年高抗枯萎病（病指1.2），耐黄萎病（相对病指22.5）。纤维品质：农业农村部棉花品质监督检验测试中心检测平均结果，上半部平均长度30.1 mm，断裂比强度32.8 cN/tex，马克隆值5.1，整齐度指数84.3%，纺纱均匀指数144，品质类型为Ⅲ。2016年河北省中南部春播常规棉组区域试验，平均亩产皮棉100.9 kg，亩产霜前皮棉93.2 kg；2017年河北省春播常规棉组区域试验，平均亩产皮棉107.1 kg，亩产霜前皮棉95.6 kg。2018年生产试验，平均亩产皮棉106.6 kg，亩产霜前皮棉99.5 kg。栽培技术要点：（1）适宜播期为4月20—30日。（2）适宜密度为高水肥地块2 800～3 000株/亩，中等水肥地块3 000～3 500株/亩。（3）施足底肥，播种前亩施有机肥4～5m³、尿素10～15 kg、二铵20～25 kg、氯化钾10～15 kg。初花期、盛花期和结铃期施肥浇水，8月10日前补施1次盖顶肥。（4）及时防治棉盲蝽、蚜虫、红蜘蛛等害虫，一般年份二代棉铃虫不需防治，暴发年份应及时防治。

6.鲁棉研28号

审定编号：国审棉2006012。转基因生物名称：鲁272。山东棉花研究中心、中国农业科学院生物技术研究所由（鲁棉14号×石远321）F₁×（5186系、豫棉19、中12、中19、秦远142、鲁8784等混合花粉）后代系统选育而成的转基因抗虫常规品种。黄河流域棉区麦田套种全生育期138 d。株形较松散，株高90.4 cm，茎秆坚韧、茸毛中密，叶片中等大小、绿色，全株有腺体，腺体中密，果枝始节位6.8节，单株结铃15.7个，铃圆形，铃尖微突，铃壳薄，吐絮畅而集中，单铃重5.8 g，衣分41.5%，籽指10.8 g，霜前花率88.6%。出苗势一般，整个生育期生长发育稳健，中后期叶功能较强，不早衰，高抗枯萎病，耐黄萎病，抗棉铃虫；HVICC纤维上半部平均长度29.9 mm，断裂比强度29.4 cN/tex，马克隆值4.7，断裂伸长率7.4%，反射率76.0%，黄色深度7.6，整齐度指数84.8%，纺纱均匀性指数137。2002—2003年参加黄河流域棉区麦套棉组品种区域试验，籽棉、皮棉和霜前皮棉亩产分别为232.2 kg、96.2 kg和85.2 kg，分别比对照豫668增产19.0%、15.6%和16.2%。2004年生产试验，籽棉、皮棉和霜前皮棉亩产分别为226.5 kg、95.7 kg和90.2 kg，分别比对照中棉所45增产12.1%、20.1%和23.1%。栽培技术要点：（1）种植密度2 800～3 200株/亩。（2）多施有机肥，注意氮、磷、钾肥的配比，尤其要注意增施钾肥，重施花铃肥。（3）一般情况下蕾期、初花期和盛花期各化控1次。（4）二代棉铃虫一般情况下不施药防治，三四代棉铃虫各防治1～2次，重点防治苗蚜、棉叶螨、伏蚜和棉盲蝽等非鳞翅目害虫。

三、长江流域棉区

（一）2020年国家长江流域棉区品种审定情况

2020年通过长江流域国家棉花区试并获得审定的棉花新品种共有6个，其中，中熟常规棉品种1个，中熟杂交棉品种5个（表12-2）。国欣棉31和华田10号为企业培育品种，中生棉11号、湘X1251、中生棉10号和华杂棉H116均为科研院所培育。

表12-2　2020年长江流域国家棉花区试品种审定情况

序号	国审年份	品种名称	审定编号	类型	选育单位
1	2020	国欣棉31	国审棉20200001	中熟常规	河间市国欣农村技术服务总会
2	2020	中生棉11号	国审棉20200002	中熟杂交	中国农业科学院生物技术研究所
3	2020	湘X1251	国审棉20200003	中熟杂交	湖南省棉花科学所
4	2020	华田10号	国审棉20200004	中熟杂交	湖北华田农业科技股份有限公司

（续表12-2）

序号	国审年份	品种名称	审定编号	类型	选育单位
5	2020	中生棉10号	国审棉20200005	中熟杂交	中国农业科学院生物技术研究所
6	2020	华杂棉H116	国审棉20200006	中熟杂交	华中农业大学

（二）2020年长江流域棉花推广面积在20万亩以上的品种简介

2020年长江流域棉区推广应用面积在20万亩以上的主导品种只有一个，华杂棉H318，其品种简介如下。

华杂棉H318，审定编号为国审棉2009018，华中农业大学用品种B0011×4-5选育而成的转抗虫基因中熟杂交棉品种。长江流域棉区春播生育期125 d。出苗好，长势较强，整齐度好。株高117.5 cm，株型松散，果枝较长、平展，茎秆粗壮，无茸毛，叶片较大，深绿色，第一果枝节位6.7节，单株结铃27.9个，铃卵圆形，吐絮畅，单铃重5.9 g，衣分41.4%，籽指10.3 g，霜前花率93.4%，僵瓣率13.3%。抗枯萎病，耐黄萎病，中抗棉铃虫。HVICC纤维上半部平均长度29.6 mm，断裂比强度30 cN/tex，马克隆值5，断裂伸长率6.4%，反射率74.4%，黄色深度8.1，整齐度指数84.8%，纺纱均匀性指数143。2007—2008年参加长江流域棉区中熟组区域试验，两年平均籽棉、皮棉和霜前皮棉亩产分别为246.3 kg、101.9 kg、95.5 kg，分别比对照湘杂棉8号增产4.7%、9.7%、10.5%。2008年生产试验，籽棉、皮棉和霜前皮棉亩产分别为244.3 kg、101.4 kg、95.4 kg，分别为对照湘杂棉8号增产4.9%、9.2%、11.0%。栽培技术要点：长江流域棉区营养钵育苗移栽4月初播种，地膜覆盖4月上旬、露地直播4月中旬播种。种植密度高肥地块1 500株/亩左右、中等水肥地块1 800株/亩左右。施足底肥，以农家肥为主，轻施苗肥，早施重施花铃肥，适当补施盖顶肥。有机肥、无机肥和微肥配合使用。根据棉花长势及天气情况，酌情使用生长调节剂。二代棉铃虫一般年份不需防治，三四代棉铃虫当百株二龄以上幼虫超过5头时应及时防治，全生育期注意防治棉蚜、红蜘蛛、棉盲蝽、烟飞虱等其他害虫。黄萎病重病地不宜种植。

第十三章　我国棉花生产问题与品种需求

一、西北内陆棉区的生产问题与品种需求

（一）新疆棉花品种应用的"一主两辅"政策

2020年新疆把加强棉花品种管理作为提升棉花整体品质、推动棉花高质量发展的重要举措，引导各地积极选用和扩繁适合本地种植的优质棉花品种，提高原棉品质一致性。新疆各地采用"一主两辅"的棉花用种模式：即一个植棉县（市、区）以1个主栽品种、2个搭配品种开展棉花种植生产。"一主两辅"模式有望解决棉花品种多、杂、乱的局面，统一棉花品种，实现全地区棉花从数量型向质量型转变，从源头上提高棉花品质，促农增收。"一主两辅"模式的推广取得了一定的成效，对"一主两辅"棉花用种模式有如下建议以进一步提升政策实施效果。

一是建立统一的评价标准，提升品种推荐科学性。探索建立完善品种推广的备案推荐制和品种评价机制，通过种企申报备案+种企、专家、行政管理制定统一评价标准，对品种进行专业化全面系统评价、比较、筛选确定主推品种。每年开展新品种试种示范，根据品种试种示范结果动态更新推荐棉种，以有利于新品种、好品种的推广应用。

二是加强种子市场管理，规范品种推广行为。建议规范品种唯一性，规范配套细则，减少品种授权家数，解决一种多名、一名多种等问题。

三是对推广品种进行随机抽样检测，包括DNA指纹、品质等性状特征，对品质不达标、与实际品种不符的推广企业采取处罚措施，并把入"一主两辅"的该品种暂停使用。

（二）生产问题与品种需求

新疆棉花生产面临着环境承载能力的不足和压力的加大，着重表现在水资源与土壤承载能力不足和低温、高温、大风、冰雹等极端灾害天气。长期棉花连作导致土传病害黄萎病发生频繁，现有品种抗病性普遍较差，形成较大生产风险。此外，棉蚜、烟粉虱、红蜘蛛、棉

盲蝽等病虫害发生频繁，部分地区成灾，生产上对抗病虫品种需求较大。

我国棉花育种仍以常规育种方法为主导，生物技术应用与技术贡献仍较低。基因编辑、高效转基因技术、合成生物学、分子设计育种和人工智能育种等新兴交叉领域技术研发较多，但转化为育种资源和育种技术较少，这成为棉花种业创新的突出短板。黄萎病、棉蚜、烟粉虱、红蜘蛛、棉盲蝽等病虫害亟须通过生物技术实现抗性种质创新，并能在棉花育种中有效利用。

机采棉是新疆棉花生产发展的必然趋势。发展机采棉必须农艺、农机结合，实现机采农艺技术的综合配套。其中机采棉品种是农艺技术中最核心的技术，也是目前与机采要求差距较大的技术。我国棉花种质资源同质性较强，遗传变异有待通过新技术实现创新。适宜机采的棉花性状研究较少，影响适宜机采棉品种的培育效率。现有机采棉花品种育种目标仍偏向于传统的产量与品质，缺少既优质丰产、抗逆性突出、适应性较好又完全适宜机械采收的突破性品种。

对新疆棉区棉花品种的总体要求是高产、优质、早熟、稳产、抗病虫、抗逆、成熟集中，株型适宜机采，要求纤维绒长>30 mm、纤维比强度>30 cN/tex、马克隆值3.7～4.5。北疆地区选择生育期120 d左右的品种，南疆地区选择生育期128 d以内的品种。面对产业发展新需求，在高产、优质基础上迫切需要提升品种在抗黄萎病、抗虫、适宜机采株型、对脱叶剂敏感等性状的水平以大力发展机采棉，提升棉花生产的生态安全性和生产效益。育种方法需要创新，采取措施增加品种的多样性和广适性，简单的系统育种和单交育种不利于突破性品种的产生，可以采用聚合杂交、轮回选择技术，实现多遗传背景下的充分遗传重组，推动品种创新。此外，针对纺织工业对纤维品质的多元化需求，建议开通企业订单式的棉花品种登记或认定，满足产业和市场需求。

二、黄河流域棉花生产问题与品种需求

黄河流域棉花生产上存在的主要问题：一是棉花机械化采收还没有获得根本性突破。2011年黄河流域棉区提出相对"集中现蕾、集中开花和集中吐絮"技术途径，但是机采棉没有形成生产力。品种、技术与环境不配套是根本原因。无论从品种上还是技术上，还没有从根本上彻底解决棉花的机械化采收问题。随着植棉用工成本的增加，植棉比较效益下降，植棉面积萎缩不可避免。二是黄河流域棉区盐碱、旱地较多，目前还没有从品种上解决棉花品种逆境条件下种植且丰产的问题。抗旱、耐盐碱、抗除草剂棉花新品种培育等仍处于研究阶段，并没有大面积应用于棉花生产。三是棉花生产的社会化服务程度还相对较低。相对于小麦、玉米等大田作物，棉花的机械化耕种、施肥、病虫害防治、在黄河棉区收获机械化水平

还比较低，棉花种植轻简化、机械化、社会化服务程度还远没有跟上时代发展。四是对于两熟棉田，仍然没有很好地从品种和技术角度解决棉花品种晚播早熟的问题。蒜棉两熟是高效棉田，蒜棉两熟周年产值8 000～10 000元/亩，因产值高蒜棉两熟成为稳定黄河棉田面积的重要方向。但品种早熟性、"五月苗"和"十月集中采收"等关键技术问题没有解决，需要在"播得下、管得住和收得回"方面下硬功夫。这需要国家农业科技管理和农业技术推广部门加大配套生产技术的研发支持与示范推广。

对棉花品种的需求：一是适于机械化采收和轻简化种植的棉花新品种的选育与推广；二是适于棉饲两熟、蒜后直播、麦后直播等两熟制种植的晚播早熟、集中吐絮成熟的配套棉花新品种选育与推广；三是适于盐碱、旱地等逆境条件下种植的棉花新品种选育与推广。

三、长江流域棉花生产问题与品种需求

长江流域棉花生产存在的问题及对品种的需求基本与黄河流域类似。受到长江流域棉区整体经济快速发展、农业产业结构调整以及棉花生产特点的影响，农业机械化进程远远滞后于稻、麦、玉米等其他主要农作物。长江流域棉花生产受劳动力成本和生产资料成本攀升等因素的影响，近年来棉花种植面积呈"断崖式"滑坡。针对长江流域棉区棉花生产机械化程度低的现实和油（大麦）后直播早熟棉花发展的需要，国家区试应当适当调整品种选择和审定策略，大力发展和推进适应于机采棉需要和早熟棉品种的育种、审定和推广应用工作。

四、我国棉花种业发展趋势

种子是农业"芯片"，是农业生产的基础和命脉，关乎粮食安全和农业安全。随着全球新一轮科技革命的兴起和我国农业现代化的加速推进，种业在农业发展中的基础性、战略性、先导性、核心性地位日益突出。要构建以市场为导向、产业为主导、企业为主体、基地为依托、产学研相结合、育繁推一体化的现代种业发展体系，巩固拓展棉花育种制种优势，加快建设全国重要的棉花制种基地，良种繁育基地。

一是形成基础性、公益性研究与商业化育种有序分工、密切配合、运行高效的种业科技创新体系。积极优化种业发展环境，努力提升供种保障能力、育种创新能力、企业竞争能力和依法治理能力，面向国内外"两个"市场，实施"走出去"种业发展战略。

二是加强棉花种业高质量发展的能力建设。加强种质资源深化研究利用、生物育种、品种改良基础理论和关键技术研究、品种选育与品种测试、品种优化布局协同研究以提升种业创新能力。加强突破性品种的支持服务、种子生产加工检测储备的服务、种子销售服务监管的有效服务能力。加强中国棉花种业品牌建设和棉花种业产学研建设、商业化种业发展模式

建设提升中国棉花种业的竞争力。

三是加强棉花种业高质量发展的组织体系建设。协同种业科创中心建设（棉花种质创新中心、棉花品种遗传改良中心、棉花种子检测中心、种子生产良种繁育良种良法配套成果转化中心和南繁中心等）、种业集团集群建设、种业人才队伍建设、棉花种业布局建设。

四是加强棉花种业高质量发展的制度机制建设。包括促进产学研结合的商业化育种机制、公益性与商业化融合及资金投入机制、品种审定保护推广备案机制、标准认证机制、种业权益改革机制、转基因抗虫棉试验示范推广等。加强政府引导市场化为主机制建设。以市场为导向，用市场化手段解决品种多乱杂问题。据此加快早熟抗病丰产优质品种示范推广和良种良法配套，实现棉花生产品种更新换代。